KB269716

풀지 않고 읽는 수학

개념이 술술 이해되는

풀지 않고 읽는 수학

세야마 시로 지음 | 신은주 옮김 | 이광연 감수

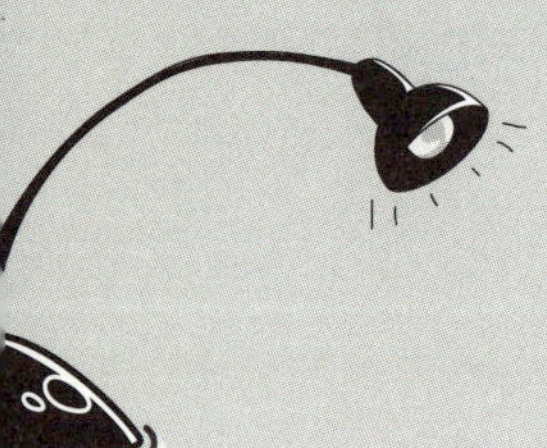

책을 시작하며

'수학!'

이 말을 듣는 당신의 기분은 어떤가? "어렵다.", "지긋지긋하다.", "왜 이걸 배워야 하지?" 이런 생각이 드는 사람도 있을 것이고 반면에 "논리적으로 생각하는 것이 재미있네.", "수학적으로 추상적인 세계가 보이기 시작했다.", " 지금 내가 하는 일에 정말 많은 도움이 된다."라고 말하는 사람도 있을 것이다.

최근 들어 수학에 대한 관심이 부쩍 높아졌다. 수학자가 주인공으로 등장하는 소설과 영화도 속속 만들어지고 있다. 불과 몇 십 년 사이에 현대인의 생활은 놀라울 정도로 풍요로워졌지만 그것으로는 충족되지 않는 허전한 마음을 채우려고 많은 사람들이 추상적인 가치관을 추구하기도 한다.

필자는 수학에 대한 관심이 생겨나는 원인이 바로 여기에 있다고 생각한다. 수학은 세계와 사회를 합리적으로 바라볼 수 있는 시야를 제공

한다.

수학은 추상적이며 보편적인 가치관과 연결되어 있다. 수학은 현대 문명을 떠받치고 있는 합리주의라는 기둥이다. 동시에 몇 백 년이나 미해결로 남아 있는 수학 문제에는 이른바 극지 탐험과 히말라야 등정과도 비슷한 어떤 낭만이 숨어 있다.

시험과 경쟁 원리가 지배하는 세계에서 조금 떨어져서 수학을 읽어 보면 거기에는 학교 수학과는 좀 더 다른 모습의 수학이 있다. 합리적이면서도 동시에 판타지 소설 같은 매력이 폴폴 흘러나오는 새로운 수학의 세계가 있다.

필자는 수학용어를 해설하면서 수학이 무엇인지를 생각해 보려고 한다. 수란 무엇인가? 방정식을 푼다는 것은 어떤 의미인가? 이 책은 이런 문제를 해설한다. 수학이라는 학문의 성질상 수식을 전혀 사용하지 않을 수는 없지만 고등학교 과정 정도의 수학 지식만으로도 볼 수 있도록 배려했다. 이 책을 읽는 모든 독자가 수학을 새롭게 다시 보는 계기가 되었으면 한다.

차례

책을 시작하며 … 4

제 1 장 수와 계산

수에 대하여 … 11

- 자연수 … 12
- 위치기수법과 0 … 16
- 소수와 분수 … 19
- 아르키메데스의 원리 … 24
- 무리수 … 25
- 실수 … 29
- 허수와 복소수 … 32
- 재미있는 수 … 38
- 소수 … 39
- 쌍둥이 소수 … 41
- 골드바흐의 추측 … 41
- 완전수 … 42
- 초월수 … 44

계산에 대하여 … 46

- 덧셈 … 46
- 반대의 반대는? … 49
- 곱셈 … 51
- 사칙연산 … 54
- 페아노 공리계 … 59

제 2 장 문자와 방정식

- 문자의 사용 … 65
- 방정식 … 69
- 일차방정식 … 73
- 이차방정식 … 75
- 방정식을 푼다는 것의 의미1 … 78
- 대칭식과 교대식 … 80
- 고차 방정식 … 83
- 삼차방정식과 카르다노−타르타글리아의 공식 … 84
- 또 하나의 시점 … 89
- 사차방정식의 페라리 해법 … 93
- 방정식을 푼다는 것의 의미2 … 96
- 대수학 기본정리의 증명 스케치 … 101

제 3 장 변화의 법칙과 함수

- 변화의 법칙 … 113
- 일차함수 … 116
- 이차함수와 다항함수 … 126
- 지수함수 … 132
- 로그 함수 … 136
- 삼각함수 … 140
- 라디안 … 141
- 삼각비와 삼각함수의 관계 … 144
- 역삼각함수 … 147
- 초등함수 … 150

제 4 장 미분과 적분

- 극한 … 155
- 미분 … 161
- 도함수의 계산 … 166
- 테일러 급수 – 함수를 다항식으로 표현하다 … 177
- 초등함수의 급수 … 184
- 적분과 미분의 관계 … 193
- 적분 … 194
- 원시함수 … 199

제 5 장 도형과 기하학

- 증명 … 205
- 『원론』의 공리 … 208
- 평행선의 공리 … 212
- 비유클리드기하학의 발견 … 214
- 정다각형과 작도 … 220
- 작도가 가능하다는 것의 의미 … 223
- 원주를 n등분하는 방정식 … 227
- 정다면체와 오일러의 공식 … 236
- 정다면체의 오일러 공식 … 238
- 다각형 내각의 합과 외각의 합 … 243
- 불변량 … 246

책을 끝내며 … 253
수학용어 색인 … 256

수에 대하여

자연수 / 위치기수법과 0 / 소수와 분수 /
아르키메데스의 원리 / 무리수 / 실수 /
허수와 복소수 / 재미있는 수 / 소수 /
쌍둥이 소수 / 골드바흐의 추측 /
완전수 / 초월수

계산에 대하여

덧셈 / 반대의 반대는? / 곱셈 /
사칙연산 / 페아노 공리계

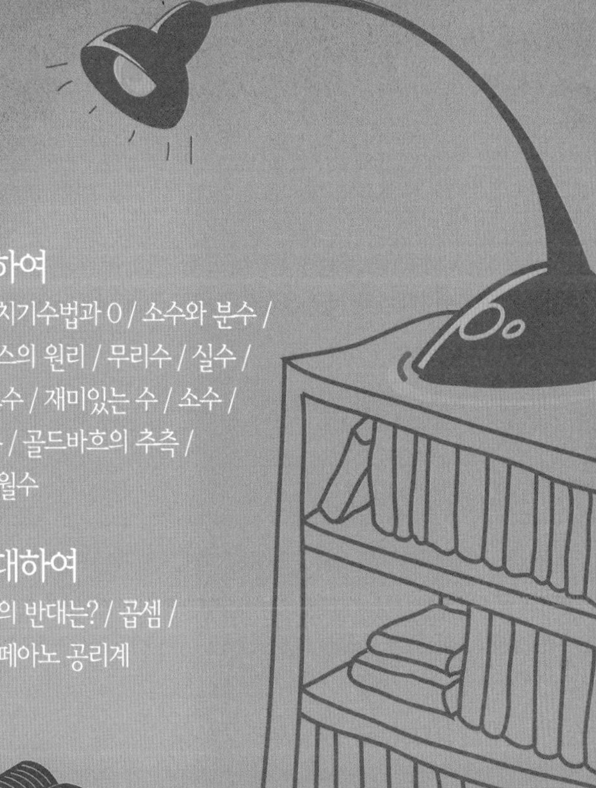

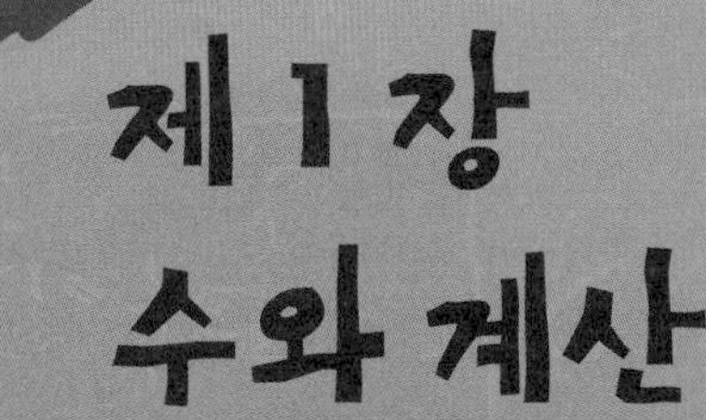

제 1 장
수와 계산

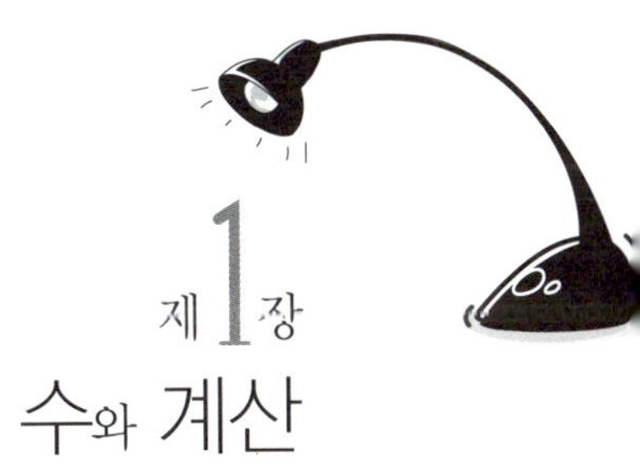

제 **1** 장
수와 계산

21세기를 살고 있는 우리의 생활에서 수數, number가 없는 것은 상상하기 어렵다. 아침에 눈을 떠서 잠자리에 들 때까지 생활의 모든 순간에 수가 나온다. 기상 시간인 6시도 숫자이고 2009년 1월 1일도 숫자이다. 우리에게 기쁨을 주는 숫자도 있고 또 슬픔으로 다가오는 숫자도 있을 것이다. 바로 실감할 수 있는 숫자(예를 들면 1,000원짜리 물건)도 있고 실감할 수 없는 숫자(예를 들면 700조 원의 차관, 제대로 쓰면 700,000,000,000,000원이나 된다)도 있다.

현대인의 모든 생활이 수로 구성되어 있다고 말해도 지나치지 않을 정도다. 그러나 누군가가 새삼스럽게 우리에게 "수란 무엇인가?"라고 물어 본다면 답을 찾는 것이 무척 어렵다는 것을 알게 될 것이다.

우리들이 알고 있는 수는 모두 구체적인 '사물'과 연관되어 있다. 3은 눈앞에 있는 세 개의 사과, 4는 지금 단란하게 살고 있는 가족의 수인 네 명, 101은 디즈

니 영화에 나오는 귀여운 강아지들을 나타낸다. 또 사물은 아니어도 2009는 서기로 올해를 나타내는 수이고, 50,000,000은 한국의 총인구를 어림잡아서 나타내는 수이다.

우리들은 숫자 3, 그 자체를 볼 수는 없다. 그렇지만 숫자 3으로 표현되는 사물은 아주 많이 알고 있다. 세 명인 사람이 되기도 하고 석 대의 자동차가 되기도 하고 혹은 셋째 아이가 되기도 한다. 그렇지만 그런 것들이 숫자 3 그 자체는 아니다. 이렇게 보면 수는 정말 신기하다.

이제부터 '수란 무엇인가'라는 주제에 대해 이야기를 하면서 여러 종류의 수에 대해서 알아보기로 하자.

자연수

수의 기원에 대한 분명한 학설은 없다. 그러나 인류가 최초로 수를 생각하게 된 동기가 '많고 적음에 대한 비교'였을 것이라는 점에 대해서는 별다른 이견이 없는 것 같다. 여기에 있는 동물들과 저쪽에 있는 동물들을 비교할 때 어느 쪽이 더 많은가 하는 문제와, 열심히 따 온 나무 열매의 많고 적음을 비교하는 것은 옛날 사람들에게는 생활과 직결되는 정말 중요한 문제였다.

따라서 정확한 비교는 그 당시에 가장 기본적이면서 중요한 일이었을 것이다. 지금 우리는 수를 세서 비교하는 일에 너무 익숙하기 때문에 수를 세서 비교하는 것에 대해서 당연하게 생각한다.

그러나 수를 세지 않고도 많고 적음을 비교할 수 있다. 예를 들어 콘서트 장에 가면 많은 의자가 있다. 빈자리도 없고 서 있는 사람도 없다면 의자의 숫자와 사람의 숫자는 똑같다. 만일 빈자리가 있다면 의자가 사람보다 더 많은 것이고 서서 보는 사람이 많다면 의자보다 사람이 많은 것이다. 이런 단순한 원리를 **일대일대응**一對一對應의 원리라고 말한다. 콘서트에서 모든 자리가 지정석이라면 의자의 수와 콘서트 표의 수는 같다. 한 장의 표에 한 개의 의자가 대응한다. 의자와 사람, 꽃병과 꽃, 접시와 과자처럼 직접 대응 관계를 만드는 것은 아주 간단하므로 일대일대응의 원리만으로도 어느 쪽이 많은지를 알 수 있다. 그것을 **직접비교**라고 한다.

그러나 세상에는 직접비교할 수 없는 것이 더 많다. 멀리 떨어진 곳에 있는 동물들의 수와 여기에 동물들의 수는 직접비교의 방법으로는 알 수 없다. 이 산에 있는 나무와 저 산에 있는 나무의 수를 직접비교할 수는 없다.

이런 난감한 상황에도 사람은 지혜롭게 문제를 풀었다. 먼저 이 산에 있는 나무 한 그루 한 그루에 끈을 묶는다. 모든 나무의 끈을 묶은 뒤 다시 끈을 푼다. 그 끈을 가지고 저쪽 산으로 건너간다. 그 산에 있는 나무에 그 끈을 묶는다. 만일 끈이 부족하면 이 산의 나무가 많은 것이고 끈이 남는다면 저쪽 산의 나무가 많은 것이다. 부족하지도 남지도 않았다면 두 산의 나무 수는 같다. 이 끈이 바로 수 역할을 하는 것이다. 이 끈만 있으면 나무의 수를 비교할 수 있다. 나무에 끈을 묶고 그것을 풀고 또 다른 산의 나무에 묶으면 된다. 나무가 아니더라도 마찬가지이다. 이쪽 소의 무리와 저쪽 소의 무리를 비교할 때도 소의 목에 끈을 묶으면 된다. 물론 소는 나무와 달라서 목에 끈을 매려고 하면 도 망칠 수도 있기 때문에 끈으로 묶어 비교하는 방법이 적절하지 않을 수 도 있다.

또 끈을 이용한 이런 방법도 있다. 끈을 많이 준비해서 무조건 양쪽 나무에 묶는다. 나무에 모두 묶은 다음 다시 그것을 풀어 끈을 가지고 온다. 끈만을 이용해서 어느 산에 나무가 많은지 비교를 한다. 이쪽 산 에 묶은 끈이 남으면 이쪽 산에 나무가 많은 것이고, 저쪽 끈이 남으면 저쪽 산의 나무가 많은 것이다. 이런 식으로 옛날 사람들은 짧게 자른 끈을 담은 주머니를 허리에 차고 다니면서 사용했을 것으로 추측할 수 있다. 이 경우에도 끈은 확실히 수와 같은 역할을 하고 있다.

이러한 비교를 **간접비교**라고 한다.

그러나 항상 끈을 갖고 다니는 것은 아주 귀찮은 일이다. 좀 더 간단 하게 갖고 다닐 수 있는 것, 그것이 바로 수이다. 우리들은 대수롭지 않 게 수를 사용하고 그것을 너무 당연하게 여긴다. 비교하기 위해서 번거 롭게 나무에 묶어야 하는 끈과 수가 같은 것이라고 생각하지 못한다.

예를 들어 두 학급의 사람 수를 비교하는 경우, 일일이 학생 수를 세 어서 한쪽은 26명, 또 다른 한쪽은 27명이면 이쪽 학급의 학생 수가 많 다고 말한다. 이런 비교는 같은 수의 끈을 각 반 학생들의 허리에 묶어 서 비교하는 것과 같다.

평소에 사용하지 않는 큰 수를 끈을 가지고 비교하기는 현실적으로 어렵다. 끈 무게나 부피가 엄청날 것이기 때문이다.

　그러나 원리로만 보면 이런 끈을 사용한 방법이 수의 가장 기본적인 의미를 나타낸다. 이렇게 해서

$$1, 2, 3, \cdots\cdots$$

이라고 하는 **자연수**自然數, natural number가 생겨나게 되었다. '……'부분은 자연수가 계속 커진다는 의미인데 나중에 좀 더 자세하게 이야기할 것이다. 이 장에서는 자연수가 계속해서 커진다는 정도로 이해하면 충분하다.

　한편, 자연수에는 또 하나의 큰 역할이 있다. 바로 순서이다. 두 번째와 다섯 번째를 나타낼 때 자연수 2와 5가 쓰인다. 옛날 사람들이 눈앞에 있는 두 개의 사과를 나타내는 숫자 2와 지금 자기 앞을 가로질러 가는 두 번째 멧돼지를 나타내는 2가 같은 숫자 2로 표현된다는 것을 이해하기는 힘들었을 것이다.

　순서를 나타내는 수를 **서수**序數, an ordinal number라고 하고, 앞에서 설명한 양의 적고 많음을 나타내는 수를 **기수**基數, a cardinal number라고 한다.

　기수로서 자연수를 생각하면 자연계에 대응하는 사물이 무한한 것이 아니므로 아무리 커도 유한한 수가 될 수밖에 없다. 옛날 아르키메데스는 전 우주의 모래알의 수를 세려고 엄청나게 큰 수를 생각했지만 그 수도 결국 유한할 수밖에 없었다.

　그렇지만 서수로서 자연수를 생각하면 모든 자연수 다음에는 그 자

연수보다 1이 큰 자연수가 온다. "모든 자연수에는 그다음의 1이 큰 자연수가 있다." 이 말은 수가 엄청나게 커진다는 표현이다. 다음과 같은 게임으로도 자연수가 계속 커지는 것을 설명할 수 있다.

큰 숫자를 말하는 쪽이 이기는 게임을 한다고 가정해 보자. 이 게임은 원래 뒤에 하는 사람이 반드시 이기게 되어 있다. 왜냐하면 뒷 사람이 "앞사람보다 하나 더 큰 수(앞사람이 말한 수 ＋1)"라고 말하면 반드시 이기기 때문이다. 물론 구체적으로 수를 말해야 하는 경우, 조 이상의 단위를 모르는 사람이라면 9,999조 9,999억 9,999만 9,999 다음에 오는 숫자를 말하지 못해 질 수도 있을 것이다. 그러나 그것은 게임의 본질이 아니다. 수는 무한하게 계속된다.

수가 무한하게 계속된다는 것을 논리적으로 정리한 이론이 있는데 바로 **아르키메데스의 원리**이다. 아르키메데스의 원리에 대해서 분수 편에서 더 자세하게 설명을 하기로 한다.

위치기수법과 0

수를 표현하는 방법은 여러 가지가 있다. 가장 간단한 방법은 긴 막대를 사용하는 것이다. 예를 들면 5를 |||||으로 13을 |||||||||||||로 표현하는 방법이다. 막대 대신 끈을 사용해도 된다. 가장 간단한 방법이긴 하지만, 수가 커지면 너무 불편해진다. 그래서 로마숫자에서는 조금씩 새로운 기호를 사용했는데 예를 들면 5라면 V 라는 기호를, 10이

라면 X라는 기호를 사용했다. 그러나 이 표기법은 큰 결함이 있었다. 앞에서 설명했듯이 수는 무한하다. 그래서 이런 방법이라면 새로운 숫사가 나올 때마다 새로운 기호를 사용해야 한다. 계속해서 기호를 끊임 없이 만들어 내야 한다. 그래서 생각하게 된 것이 자릿수를 정해서 숫자를 표현하는 방법이다. 자릿수를 정해서 숫자를 표현하는 기수법은 수를 나타내는 기호를 쓰는 위치에 따라서 구별하는 방법이다. 같은 1도 숫자가 써진 위치에 따라 값이 변한다. 이를 위해서는 두 개의 커다란 비약이 필요하다. 하나는 세는 것을 몇 개로 묶음으로써 새로운 단위를 만드는 것이고 또 하나는 빈자리를 나타내는 **0의 발견**이다.

먼저 수를 묶음으로 묶는 것부터 생각을 해 보자. 사람에게는 10개의 손가락이 있다. 따라서 10개를 한 묶음으로 하는 **10진법**이 생겨났다. 10진법 기수법에서는 10개가 모이면 한 묶음으로 하고 그것을 또 10묶음 묶으면 또 하나의 묶음이 되도록 했다. 이런 방법으로 수를 세어 왔다. 한편 2개를 한 묶음으로 세는 것이 기수법 중에서는 가장 간단하게 묶는 방법이었다. 이것을 기초로 해서 **2진법**이 탄생했다. 전류를 단속하는 두 가지는 2진법을 표현하는 방법이 되었다. 이것은 컴퓨터에 쓰이고 있다. 몇 개를 한 단위로 묶어야 하는지에 대해서는 특별한 제약이 없으므로 12진법이나 16진법도 모두 사용할 수 있다.

위치기수법位置記數法, numeration system에서 결정적으로 중요한 것은 0의 발견이다. 우리는 '십일'을 11이라고 쓴다. 이것은 따로따로 나누어 보면 10개의 묶음 1개와 그냥 낱개인 1개로 처음 1과 다음 1은 같은 숫자 1을 쓰고 있지만 나타내는 수(數)가 다르다. 숫자가 놓이는 위치에 따라서 의미가 다른 것이다. 마찬가지로 111은 3이 아니고 100의 묶음 1개, 10의 묶음 1개, 그냥 낱개 1을 나타낸다. 결국 가장 오른쪽의 위치는 낱개의 개수, 두 번째 위치는 10개의 묶음의 수, 세 번째 위치는 100개의 묶음(10의 묶음 10개)의 개수를 의미한다. 그렇다면 100개의 묶음은 있는데 10개 묶음이 하나도 없다면 어떤 식으로 표현하면 좋을까? 11이라고는 쓸 수 없다. 아무래도 10의 단위 하나가 없다는 것을 나타내기 위해서는 그 위치의 공간이 텅 비어 있다는 것을 나타내는 기호 0이 필요하다. 이렇게 해서 101이라고 하는 표기가 가능하게 되었다. 결국 우리들은 단지 10개의 기호

$$0, 1, 2, 3, 4, 5, 6, 7, 8, 9$$

를 사용해서 무한하게 계속되는 모든 수를 나타낼 수 있게 된 것이다.

이것으로 0이라는 숫자가 얼마가 중요한지 알 수 있다. 숫자가 단순하게 사물의 많고 적음을 표현하는 단계에서 없는 것을 표현하는 단계로 나아가는 것은 정말 어려운 일이었을 것이다. 아예 존재하지 않은 사물의 숫자를 셀 이유가 없기 때문이다. 먼 옛날 사람들은 "거기에 아무 것도 없기 때문에 셀 이유가 없다!"라고 생각했다. 사과가 하나도 없다는 것과 여기에 사과가 0개가 있다는 것이 같은 이야기라는 것을 이해하기 위해서 사람들에게는 참으로 오랜 시간이 필요했다. 그러나 위치기수법에서는 그 위치의 공간이 텅 비어 있기 때문에 다른 말로 하면 10이나 100의 묶음이 없다는 것을 명기할 필요가 있었다. 이렇게 해서

0은 없어서는 안 될 수가 되었다.

앞에서는 사물의 개수를 나타내는 수인 자연수의 발견에 대해서 알아보았다. 자연수는 하나씩 (더하면) 얼마든지 커질 수 있다. 자연수를 사용해서 이 세상에 있는 여러 사물들의 많고 적음을 '세는 것'이 가능해졌다. 이처럼 자연수로 '세는 것'이 가능한 양을 **이산량**離散數量이라고 한다.

보통 이산량에는 그 양 고유의 수사(數詞)가 있다. 예를 들어 사람이라면 명, 동물이라면 마리, 자동차라면 대라고 하는 식이다. 고유의 수사는 아주 다양하다. 좀 억지스럽지만 이런 고유의 수사를 쓰지 않고 전부 한 개, 두 개라고 센다면 절대로 틀릴 일은 없을 것이다. 결국 이산량을 표현하기 위해서는 단순히 '개'라는 단위로 모두 통일해도 좋을 것이다.

그렇지만 이 세계에는 한 개, 두 개처럼 셀 수 없는 양도 있다. 예를 들면 길이가 그 전형이다. 길이는 단위를 정해서 '측정'할 수 있는 양이다. 넓이, 속도, 무게와 같은 것이 모두 그러한 양이다. 이런 것을 **연속량**連續量이라고 한다. 연속량을 측정할 때에는 보통 단위를 결정하고 그 단위에 따라서 양을 측정한다. 예를 들어, 길이라고 한다면 'm', 무게라면 'g', 넓이라고 한다면 'm^2'이다. 그렇지만 이 경우 이산량의 개수를 세는 것과 전혀 다른 상황에 직면하게 된다. 분리량과 다르게 연속량의 경우는 나머지가 자연스럽게 나온다. 'm', 'g'을 단위로 해서 길이와 무게를 측정한다면 두 단위 모두에서 나머지가 나온다. 이 남은 부분의 측정 방법이 중요한 문제이다.

이 문제를 해결하기 위한 방법은 두 가지가 있다. 하나는 단위를 또 10등분으로 나눈 새로운 단위를 준비해서 측정하는 방법이고 또 나머지가 나오면 그 나머지 단위를 또 10등분하고 결국은 원래의 단위를 100등분한 새로운 단위를 만들고 그것으로 또 나누는 방법이다. 수의 10진 기수법의 구조를 1보다 작은 쪽으로 확장해 가는 방법이다. 이렇게 해서 **소수**小數, decimal number가 생겨나게 되었다.

소수를 사용하면 길이는 2.35m처럼 표기할 수가 있다. 단위를 써서 이야기하면 2m 3dm 5cm가 되지만 어떤 이유에서인지 한국에서는 1m를 10등분한 dm라는 단위는 사용하지 않고 그 단위를 건너뛰어 cm로 측정해서 2m 35cm라고 한다.

나머지를 측정하는 또 다른 방법이 있다. 단위를 10등분으로 한정하지 않고 2등분, 3등분, …… 이라는 단위를 사용하는 방법이다. 이 방법은 나머지가 원래 단위의 몇 분의 1인가를 생각하는 방법이다. 이렇게 해서 생겨난 것이 **분수**分數, fraction이다. 소수의 단위는 10등분, 100등분, ……이 되기 때문에 단위를 명기하지 않아도 0.35라고 쓰면 크기를 알 수 있다. 그러나 분수는 몇 등분한 것을 단위로 사용하고 있는지를 명기하지 않으면 크기를 알 수 없다. 따라서

$$\frac{m}{n}$$

이라고 하는 기호를 생각해 냈다.

이 기호는

$$단위를 \ n등분한 \ 것의 \ m개분$$

이라는 의미이다.

분수는 처음 접하면 이해하기 어렵다. 그 이유는 분수가 하나로 고정되어 있지 않은 단위를 사용하기 때문이다. 소수는 기본단위의 $\frac{1}{10}$, $\frac{1}{100}$, …… 을 새로운 단위로 설정한다. 그러므로 소수는 어느 수가 큰지 또는 작은지, 그 표기만 봐도 금방 알 수 있다. 그러나 분수는, 예를 들어, $\frac{1}{13}$과 $\frac{4}{7}$를 비교할 때 어느 쪽이 큰지 금방 판단이 되지 않는다.

단위량을 13개로 나눈 것 중 7개와 7개로 나눈 것 중 4개라고 하면 단위가 다르기 때문에 간단하게 비교할 수 없다. $\frac{1}{13}$과 $\frac{1}{7}$에서는 $\frac{1}{7}$쪽이 훨씬 큰 것이 확실하지만 그 7개 중에 4개가 되면 어느 쪽이 큰지 금방 알 수 없다. 그래서 분수에서는 **통분과 약분**이라고 하는 지금까지는 없었던 기술이 필요하게 되었다. 통분과 약분에 대해서는 계산할 때 조금 더 자세하게 설명하려고 한다.

여기에서 또 하나 단위를 n등분한 것의 m개분이라고 하는 분수의 의미가

$$m\text{을 } n\text{등분한 }1\text{개분}$$

결국

$$m \div n$$

이기도 한 것에 주의해야 한다. 이것은 다음과 같은 그림을 그려보면 금방 알 수 있다.

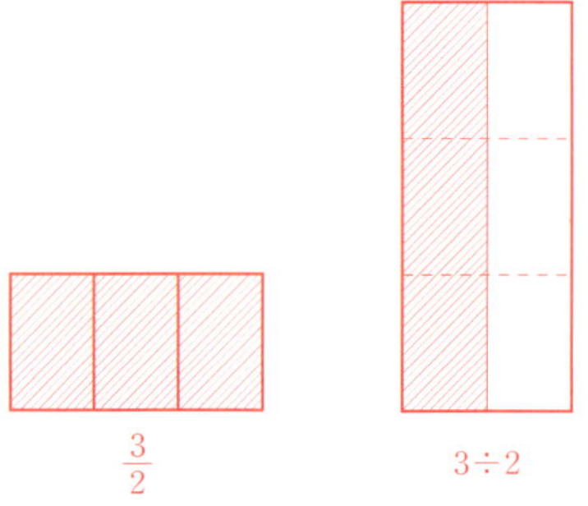

이 경우 $\dfrac{m}{n}$이라는 분수는 n배하면 m이 되는 수라는 의미이다. 분수는 양을 나타내는 동시에 연산^{演算}(식이 나타내는 일정한 규칙에 따라 계산하는 것)의 결과를 나타내기 때문에 매우 중요하다.

분수에는 몇 가지 의미가 있다. 그 의미들은 분수의 이해를 어렵게 하기도 하는데 한편으로는 수학적인 내용이 풍부해서 재미있는 수이기도 하다. 그 한 예로 소수와 분수의 관계를 조사하자.

지금까지 봐 온 것처럼 분수 $\dfrac{m}{n}$에는 $m \div n$이라는 의미가 있다. 이 나눗셈을 구체적으로 해 보면 어떻게 될까?

나눗셈을 해서 딱 떨어진다면 이 분수는 유한한 소수가 된다. 이처럼 유한한 자릿수로 끝나는 소수를 **유한소수**有限小數, finite decimal라고 한다. 그렇지만 분수 중에는 $\frac{1}{7}=1\div7$처럼 나누어떨어지지 않는 것도 있다. 이때 나머지는 반드시 나누는 수(지금의 경우는 7)보다 작기 때문에 0에서 6까지 일곱 가지 경우의 수밖에 없다. 그러나 나머지가 0이라는 말은 나누어떨어진다는 말이므로 결국, 나머지는 1에서 6까지의 여섯 가지밖에 없다. 그러므로 최대 일곱 번의 나눗셈을 반복하다 보면 반드시 나머지가 남게 되므로 그때부터는 같은 계산이 반복된다.

이처럼 어느 지점부터 같은 수가 반복되는 소수를 **순환소수**라고 한다. 결국 분수를 나눗셈이라고 생각하고 실행하면 나누어떨어지지 않는 경우는 반드시 순환소수가 된다. 정말 흥미로운 일이다. 나누어지는 경우는 유한소수가 되기 때문에 정리를 하면

분수를 소수로 바꾸면 반드시 유한소수이든지 순환소수가 된다.

라는 사실을 알게 된다.

그럼 다음에서는 "자연수는 얼마든지 커진다."고 설명한 아르키메데스의 원리를 또 한 번 여기서 설명해 두려고 한다.

자연수가 얼마든지 커진다는 말은 결국 어떤 자연수 n의 다음에 그 것보다 큰 자연수 $n+1$이 있다는 이야기이다. 지금 두 개의 자연수 a, $b(a<b)$를 생각하자. 이때 a가 아무리 작아도 또 b가 아무리 커도 a에 끈기 있게 수를 더해가다 보면 언젠가는 b를 넘는 큰 수가 된다. 결국

$$b<na\text{가 되는 자연수 }n\text{이 있다.}$$

가 성립한다. '티끌 모아 태산'이라는 말을 수학으로 표현한 것이다. 특히 a를 1이라고 한다면 "아무리 큰 수 b에 대해서도 $b<n$이 되는 자연수 n이 있다."는 말이다. "자연수는 얼마든지 커질 수 있다."라는 내용인데 **아르키메데스의 원리**라고 한다.

그런데 이 원리는 분수에서도 성립한다. 두 개의 분수 a, $b(a<b)$ 를 생각하자. 이때 a가 아무리 작은 분수라도 또 b가 아무리 큰 분수여 도 a에 끈기있게 수를 더해가다 보면 언젠가는 b보다 커진다. 결국

$$b<na\text{가 되는 자연수 }n\text{이 있다.}$$

이 이야기 역시 티끌 모아 태산이 된다는 이야기이다. 그렇지만 이 아르키메데스의 원리를 아주 작은 분수 ε(엡실론)과 1(1도 당연히 분수 이다)에 적용하면 매우 작은 수 ε에 대해서 $1<n\varepsilon$이 되는 자연수 n이

있다는 것이 성립된다. 어떤 작은 수라도 끈기 있게 계속해서 더해 가면 1보다 커진다고 이야기한다. 이 개념이 바로 고등학교에서 배우는 극한의 기초이다.

지금, 이 양변을 n으로 나누면 매우 작은 수 ε에 대해서도

$$\frac{1}{n} < \varepsilon\text{이 되는 자연수 } n\text{이 있다.}$$

가 성립한다. 이것은 아르키메데스의 원리를 반대 방향으로 본 내용이지만 이것이야말로 $\frac{1}{n}$의 극한값이 0이 된다는 것을 수학적으로 표현한 것이다. 결국 극한값이라는 개념은 지극히 소박한 생각인 "자연수는 얼마든지 커진다."에서 발전한 개념이다. 이것을 또 정밀하게 수학적으로 정리한 이론을 $\varepsilon-\delta$논법(엡실론 델타 논법)이라고 말한다(159쪽에도 나온다). 극한에 대해서 이야기할 때 빠지지 않는 논법이다.

무리수

연속량을 이야기할 때 소수와 분수에 대해서 설명했다. 그런데 소수에 대해서는 이런 의문이 생긴다. 연속량을 측정할 때 나머지가 나오면 그것을 소수로 측정한다. 결국 단위를 $\frac{1}{10}$로 하는 새로운 단위로 측정한다. 그렇지만 또 나머지가 나올지 모른다. 그럼 이번에는 $\frac{1}{100}$로 한 새로운 단위로 측정한다. 그러나 이 조작이 어디에서 끝날지 알 수 없다.

어떤 단위를 설정해야 그 단위로 이 세계의 모든 것을 정확하게 측정할 수 있을까? 그런 보편적인 단위가 있을까? 만일 그러한 보편적인 단위가 있다면 그것을 사용해서 이 세계의 모든 것을 측정할 수가 있을 것이다. 그러나

라는 것이 정답이다.

좀 더 설명을 해 보자. 정사각형의 한 변과 대각선의 길이를 생각해 보자. 한 변의 길이를 1이라고 할 때 이 1은 일정 단위를 바탕으로 한 숫자이다. 그러나 대각선의 길이는 이 단위로 정확하게 측정할 수는 없다. 단위(길이)를 $\frac{1}{10}$, $\frac{1}{100}$, …… 이라고 잘게 나누어도 대각선의 길이에는 계속해서 나머지가 나온다. 대각선의 길이를 단위로 결정하면 이번에는 변의 길이를 이 단위로 측정할 수가 없다. 결국 정사각형의 한 변과 대각선의 길이에는 공통의 척도(尺度)가 없다. 정사각형 한 변의 길이의 몇 배가 대각선 길이의 몇 배가 되는 일은 없다. 식으로 이야기를 하면

$$\text{한 변의 길이} \times n = \text{대각선의 길이} \times m \text{이 되는}$$
$$\text{자연수 } n, m \text{은 존재하지 않는다.}$$

가 된다. 이때 이 두 개의 양은 **통약불능**이라고 한다. 고대 그리스의 피

타고라스학파는 모든 양은 통약이 가능하다고 생각했다. 우주의 모든 것을 정확하게 측정할 수 있는 만능의 척도가 있다고 생각했다. 그러나 이런 생각은 잘못된 것이었다. 유감스럽게도 우주는 그 정도로 단순 명쾌하지 않다. 통약불능한 한쪽을 측정할 수 있는 단위를 설정했을 때 이제 또 다른 쪽의 양을 **무리량**이라고 한다.

통약가능한 양 a, b는

$$a \times n = b \times m \text{이 되는 자연수 } n, m \text{이 있다.}$$

가 된다. 예를 들어 b를 단위로 취하면

$$a = \frac{m}{n} b$$

가 되고 a는 b를 단위로 해서 $\frac{m}{n}$배가 되는 수이며, 결국 a와 b를 1이라고 하면 분수 $\frac{m}{n}$이 된다. 따라서 무리량이란 어떤 단위 설정에서도 분수로 표시할 수 없는 양이다. 이 양을 나타내는 숫자를 **무리수**無理數, irrational number라고 한다. 무리수는 분수로 나타낼 수 없다. 그렇지만 앞에서 나타냈던 것처럼 분수를 소수로 표현하면 유한소수 또는 순환소수가 된다. 무리수는 소수로 표현하면 순환하지 않는 무한소수가 된다.

예를 들어 한 변의 길이를 단위로 했을 때 대각선의 길이는 $\sqrt{2}$로 표현되는 무리수가 되므로 이 값을 소수로 표현하면

$$\sqrt{2}=1.41421356\cdots\cdots$$

이 된다. 또 원주율 π도 무리수인데 그 값은 원의 반지름을 단위로 해서 측정하면

$$\pi=3.14159265358979323846264338327950288419\cdots\cdots$$

이 된다.

무리수의 존재는 이 세계의 다양성을 나타낸다. 확실히 무리수는 다루기 어려운 이상한 수이지만 무리량과 그것을 나타내는 무리수가 존재하는 덕분에 수학은 아주 풍요롭게 되었다. 나아가서는 이 세계 자체가 아주 풍요롭다는 것을 알게 되었다.

그런데 무리수라는 말이 좀 이상하지 않은가? '무리한 수?' 이런 어감이 무리수를 더 어렵게 느껴지게 한다. 무리수와 달리 분수로 표현되는 수를 **유리수**^{有理數, rational number}라고 한다.

유리수는 '어떤 이치가 있는 수'라는 뜻이다. 사실 유리수를 영어로 하면 rational number이고 무리수는 irrational number이다. rational 이란 비교가 된다는 의미이고 irrational이란 비교가 되지 않는다라는 말이다. 즉 분수로 표현될 수 없는 수라는 의미로 보면 지금까지 한 설명과 딱 맞아떨어진다. 그렇지만 무리수라는 번역 또한 이 수는 비율로 나타내는 것이 무리라는 생각이 담긴 것 같아서 찜찜한 느낌이 든다.

무리수(분수로 표현될 수 없는 수)와 유리수(분수로 표현되는 수)를 합친

수를 실수라고 하는데 다음은 이 실수에 대해서 자세하게 설명하겠다.

지금까지 다루지 않았지만 수에는 **음수**陰數, negative number가 있다. 마이너스의 수이다. 사실 마이너스의 수가 사람들에게 인지된 것은 그리 오래전 일이 아니다. 우리는 마이너스 세 개의 사과라든가 마이너스 다섯 명이라는 식의 음수를 실재의 양으로 인지할 수는 없다.

자연수가 사물의 개수를 나타내는 수라고 했을 때, 그다음에 나온 원래부터 없던 것을 나타내는 0이란 수는 쉽게 이해할 수 있었다. 그렇지만 없는 것보다 더 적은 수는 좀처럼 이해하기가 힘들다. 왜냐하면 수가 실재의 양을 나타낸다고 생각하기 때문이다. 실제로 2는 두 개의 사과를 나타냈지만 동시에 두 번째 사람도 나타냈다. 두 번째의 사람을 표현하는 2는 실제로 존재하는 양을 나타내지 않는다. 좀 더 곰곰이 생각을 해 보면 2는 '상태'를 표현하는 수라는 것을 알 수 있다.

결국 사람들은 수가 무엇인가를 기준으로 해서 그것보다 많거나 적은 상태를 나타낸다는 것을 알아차리게 되었다. 이렇게 해서 음수, 마이너스의 수가 발견되었다. 마이너스의 수를 표현할 때 수 앞에 −를 붙여서 −3처럼 나타낸다. 얼음이 어는 온도를 기준인 0이라고 한다면 평상시 기온은 21도라고 한다. 하지만 0도보다 낮은 기온일 때는 −4도라고 표현한다.

이렇게 음수는 매우 편리한 수였다. 이렇게 해서 수가 표현하는 세계는 비약적으로 넓어졌다. 지금까지 취급했던 수는 모두 마이너스를 포함한 수이다. 그만큼 수의 세계가 확대되었다. 이렇게 해서 무한하게 펼쳐지는 일직선상에 수를 표현하는 것이 가능해졌다. **수직선**數直線, number line이라는 것은 좌우로 무한히 늘어나는 직선인데 그 위의 한 점을 고정시키고 기준의 0으로 생각한다. 수직선은 보통의 수를 오른쪽으로, 마이너스의 수를 왼쪽으로 놓고 길이로 취한 직선이다. 실제로 마이너스 길이는 존재하지 않기 때문에 길이를 반대 방향으로 취했다고 생각할 수 있다. 이렇게 수직선이라는 이미지를 사용해서 우리들은 끊어지는 부분이 없이 무한하게 계속되는 수라는 추상적인 개념을 갖는 데 성공했다. 이처럼 수직선상에서 끊임없이 존재하는 수를 **실수**實數, real number라고 한다. 양의 실수는 구체적으로 존재하는 양을 나타내는 것이 가능하지만 음의 실수는 양(量)의 상태를 포함한 것을 표현한다고 생각할 수 있다.

유리수와 실수에는 큰 특징이 있다. 둘 다 **사칙연산**四則演算, four fundamental rules of arithmetics을 자유롭게 할 수 있다. 자연수 안에서는 덧셈과 곱셈은 자유롭게 할 수 있으나 뺄셈과 나눗셈은 할 수 없는 경우가 있다. 그러나 유리수 안에서는 뺄셈과 나눗셈을 자유롭게 할 수 있다. 수학에서는 이 성질을 유리수와 실수는 **체**體, field가 된다고 표현한다. 즉 유리수는 유리수체, 실수는 실수체라고 부른다. 체라는 것은 재미있는 번역어이다. 영어로는 field라고 말한다. 사칙연산이 자유로운 장소라는 의미이다. 그렇다면 장場으로 번역을 했다면 더 좋지 않았을까 하는 생각이 든다.

그렇다면 유리수와 실수를 구별하는 특징은 무엇일까? 유리수 중에는 무리수가 없다는 것이다. 예를 들어 제곱을 해서 2가 되는 수는 유리수 중에는 없지만 실수 중에는 $\pm\sqrt{2}$, 두 개가 있다. 무리수까지도 포함한 실수가 가지는 성질에 **실수의 연속성**連續性이 있다.

수를 계산할 때 보통 사람들이 이상하게 생각하는 것이 있는데, 마이너스와 마이너스를 곱하면 플러스가 되는 것이다. 많은 사람들이 이 규칙이 이상하다고 의문을 제기했다. 작가 스탕달은 수학을 좋아했던 것 같은데 이 규칙에 의문을 품고 "빌린 돈에 빌린 돈을 곱한 것이 어째서 재산이 되는가?"라는 의미의 말을 했다고 한다.

그러나 이 말은 초점을 벗어난 이야기이다. 조금 더 냉정하게 생각을 해 보면 플러스와 플러스를 곱하면 플러스가 된다는 것과 재산에 재산을 곱해서 재산이 되는 것은 같은 이치가 아니다. 원래 있는 재산에 재산을 곱하는 것은 의미가 없기 때문이다. 마찬가지로 나의 체중은 60kg, 고양이의 체중은 5kg인데 둘을 곱하면 300kg이 될까? 이런 곱셈은 의미가 없다. 결국 마이너스와 마이너스를 곱해서 플러스가 되는 것에 대해서는 다르게 해석할 필요가 있다. 그 이야기는 나중에 자세하게 할 것이다.

여기에서는 0이외의 어떤 실수라도 제곱을 하면 플러스가 된다는 것에 주의하면 된다. 다시 말하면 실수에서는 제곱을 했을 때 -1이 되는 수가 없다. 하지만 $\sqrt{-1}$이 실수에는 존재하지 않는다는 것이 수에 대한 또 다른 오해를 낳고 있다. 그 오해를 풀기 위해 그 새로운 수에 대해서 생각을 해 보자.

허수와 복소수

제곱을 하면 마이너스가 되는 수를 **허수**虛數, imaginary number라고 한다. 특히 제곱을 하면 −1이 되는 수를 'i'라는 기호로 표시한다. 다시 말하면 $i^2=-1$이고 $(-i)^2$도 −1이 된다. $x^2=2$의 해가 $x=\pm\sqrt{2}$가 되는 것과 마찬가지로 $x^2=-1$이 되는 해는 $x=\pm\sqrt{-1}=\pm i$가 된다. 그러므로 $x^2=-2$의 해는 $\pm\sqrt{2}i$가 된다.

이 새로운 수 i를 사용해서

$$z=a+bi(a, b\text{는 실수})$$

로 쓸 수 있는 수를 **복소수**複素數, complex number라고 한다. 복소수란 1과 i의 두 단위를 사용해서 쓸 수 있는 수라는 의미이다.

허수와 복소수를 이렇게 간단하게 이야기할 수 있다. 그런데 허수는 이 세계에 존재하지 않는 수이고 실수만이 이 세계에 존재하는 수라고 잘못 알고 있는 사람들이 많다. "이런 말도 안 되는 수가 어디 있어?" 혹은 "허수라는 것은 세상에 없는 수잖아. 이런 것을 공부해서 어디다 쓰지?"라고 말하는 사람도 종종 있다.

그러나 실수만이 실재하고 허수는 존재하지 않는다는 생각은 잘못

된 믿음이다. 만일 "수가 있을까?"라는 가장 간단한 물음에 대한 답을 말한다면 '없다'가 답이다. 지금까지 살펴 본 대로 숫자 3도 존재하지 않는다. 존재하는 것을 숫자 3으로 표현할 수 있는가 아닌가가 문제일 뿐이다. −3이라는 수도 실재의 양으로서는 존재하지 않는다. 존재하고 있는 것은 수 −3으로 표현되는 그 양의 상태이다. 실제로 존재한다고 누구나가 믿고 있는 실수에서도 무리수는 매우 불안정하게 존재한다. 예를 들어 원주율 π라는 수가 있다. 이 실수는 직경 1의 원주圓周, circumference의 길이이기 때문에 확실히 존재한다. π는 무리수로 10진법 표기로는 끝없이 계속되는 소수로 표현된다. 다시 한 번 그 처음 부분을 써 보면

$$\pi = 3.14159265358979323846264338327950288419\cdots\cdots$$

이 된다.

컴퓨터를 사용하여 π를 계산하면 소수점 이하 1조 자리 이상도 계산할 수 있다고 한다. 소수점 이하에서 1조 자리도 넘게 계속되는 실수이다. 생각하는 것만으로도 머리가 돌 지경이다. π라는 실수의 존재는 어떤 의미에서는 환상이다. 우리는 소수점 이하 1조 자리라는 이 숫자를 다룰 수도 계산할 수도 없다. 유일하게 상상하는 것은 할 수 있으나 어쩌면 상상하는 것도 굉장히 버거운 일이다.

확실히 허수가 태어났을 때 '이 세상에 없는 수'라고 생각하는 분위기가 있었다. 실제로 허수를 영어로는 Imaginary number, 즉 상상의

수라고 한다. 지금까지 모든 수는 제곱을 하면 양(또는 0)의 수가 되었기 때문이다. 그러나 0보다 작은 수가 있어서는 안 된다는 이유가 없듯이 제곱을 하면 음이 되는 수가 있어서는 안 된다는 이유 또한 아무 것도 없다. 지금까지 없었다면 새로 만들면 된다. 음수를 만들었듯이 제곱을 하면 음이 되는 새로운 수를 만들면 된다. 그래서 사람들은 제곱을 하면 마이너스가 되는 수를 만들어 냈다.

그렇다면 허수는 어째서 실제로 존재하지 않는다는 오해를 받게 되었을까? 아래와 같은 잘못된 믿음 때문이다.

수는 구체적인 양을 나타내야 한다.

초등학교 이래 수는 개수, 길이, 부피처럼 구체적인 양을 나타내는 데 사용되었다. 그러나 앞에서 말한 것처럼 중학교부터 도입되는 음수는 구체적인 개수를 나타낼 수가 없다. -3개의 사과도 실재하지 않고 -5명도 없다. 그러나 -3도라고 하는 온도는 생각할 수 있다. 기준점을 어떻게 정하느냐에 따라서 마이너스의 수를 생각할 수 있다. 이 경우 마이너스의 수는 사물의 개수와 양만이 아니라 사물의 상태를 나타내기 위해서 도입되었다고 생각하면 된다. 그러한 이유는 -5명이라는 것을 정원이 100명인 콘서트홀에서 95명의 사람이 입장한 상태를 나타내는 것으로 생각할 수 있기 때문이다. 음수는 양(量)과 동시에 그 양의 상태를 나타낼 수 있다.

허수는 실수가 아니기 때문에 분명 수직선상에는 없다. 그렇지만 허수와 복소수가 실제 직선 위에 없다고 한다면 허수와 복소수는 도대체 어디에 존재할까?

어떤 수에 -1을 곱하면 수직선상에서 위치가 정확하게 $180°$ 바뀐다. 즉 -1을 곱하는 것을 수직선상의 수를 $180°$ 회전시키는 것으로 해석할 수 있다.

그런데

$$-1 = i \times i$$

이기 때문에 i를 두 번 곱하면 $180°$ 회전이 된다고 할 수 있다. 결국 i를 곱한다는 조작은 $180°$ 절반의 회전, 즉 $90°$의 회전을 나타낸다고 생각할 수 있다. 따라서 1에 i를 곱하면 1은 수직선을 뛰쳐나와서 정확하게 $90°$ 회전한 직각의 위치에 오게 된다. i는 실수축에 직각으로 교차되는 허수축 위에 오게 된다. 따라서 복소수 $2+3i$는 다음 평면 위의 위치에 있다는 것을 알게 된다.

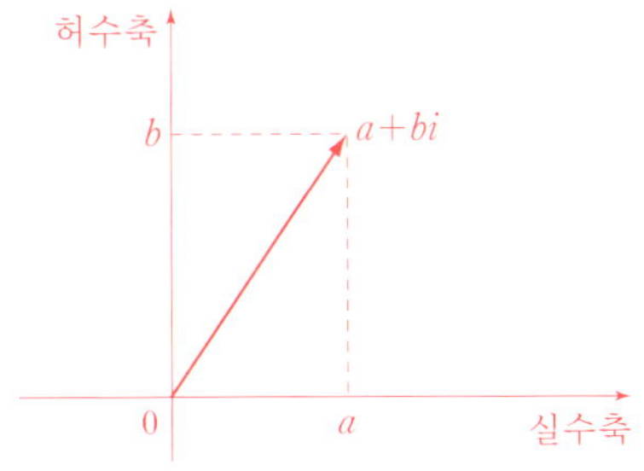

이렇게 하면 복소수를 평면에 표시할 수 있다. 분명 복소수는 실수

직선 위에는 없다. 그 의미에서는 실재하지 않는 수이다. 그러나 수가 수직선상에 있어야 할 이유는 없다. 복소수는 실수직선을 뛰쳐나온 평면 위에 있다. 이 평면을 **복소수평면**複素數平面, complex plane 혹은 **가우스 평면**이라고 한다. 복소수는 가우스 평면 위의 점으로 표현된다. 한편, 복소수를 해석하는 다른 방법이 있는데 바로 '변환'이다.

이처럼 평면상에 표시되는 복소수 $a+bi$를 복소수의 **직교표시**라고 한다.

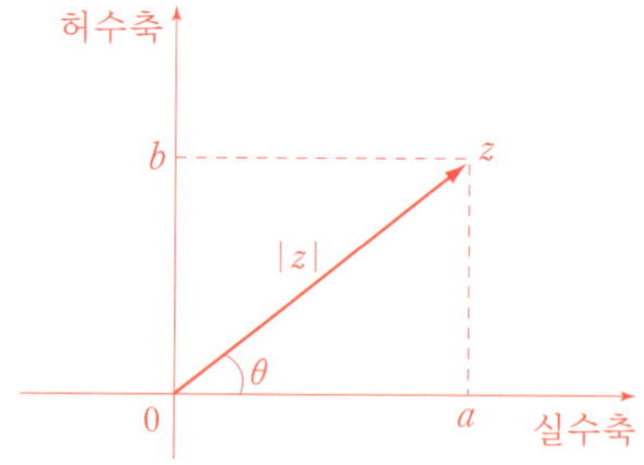

이때 $\overline{0z}$의 길이를 복소수 z의 **절댓값**絕對值, absolute value이라고 하고 $|z|$라고 쓴다. 또 $\overline{0z}$와 x축이 이루는 각 θ를 z의 **편각**偏角이라고 한다. 편각은 보통 $0°$에서 $360°$의 범위에서 생각할 수 있다. 그러면 앞에 나온 그림에서 z의 절댓값은 $\sqrt{a^2+b^2}$이므로 이것을 r이라고 하면 $a=r\cos\theta,\ b=r\sin\theta$이기 때문에

$$z=a+bi=r(\cos\theta+i\sin\theta)$$

가 된다. 우변의 표시를 복소수의 **극형식표시**極刑式表示라고 한다. 극형

식표시는 미적분을 사용하면 지수함수와 깊은 관계에 있다는 것을 알
게 되지만 그것은 미적분의 장에서 이야기하기로 한다.

여기에서는 특히 절댓값이 1인 복소수를

$$\cos\theta + i\sin\theta$$

라고 쓸 수 있다는 것을 기억해 두기로 하자.

> **보충** **삼각함수의 덧셈정리**
>
> 복소수의 극형식표시로부터 다음을 알 수 있다.
>
> 두 개의 복소수를
>
> $z_1 = r_1(\cos\alpha + \sin\alpha)$, $z = r(\cos\theta + i\sin\theta)$라고 할 때,
>
> $z_1 z = r_1(\cos\alpha + i\sin\alpha)r(\cos\theta + i\sin\theta)$
>
> $\quad = r_1 r(\cos\alpha + i\sin\alpha)(\cos\theta + i\sin\theta)$
>
> $\quad = r_1 r((\cos\alpha\cos\theta - \sin\alpha\sin\theta) + i(\sin\alpha\cos\theta + \cos\alpha\sin\theta))$
>
> $\quad = r_1 r(\cos(\alpha+\theta) + i\sin(\alpha+\theta))$
>
> $\quad = r(r_1(\cos(\alpha+\theta) + i\sin(\alpha+\theta)))$
>
> 가 성립한다.

이때 복소수 z_1은 r배가 되어 θ만큼 회전을 하게 된다.

따라서 복소수 $z = r(\cos\theta + i\sin\theta)$를 곱하는 것은 r배로 해서 θ만
큼 회전하는 변환을 나타낸다는 것을 알 수 있다.

수가 '양'이라는 '사물'이 아니고 '변환'이라는 '행위'를 나타낸다고 하면 처음에는 조금 저항감을 느낄 수 있을 것이다. 그러나 수가 나타내는 대상을 확대해 감으로써 수학의 세계는 좀 더 풍요로워지고 수로 표현되는 세계도 넓어진다. 결국 이 세계의 지평이 점점 넓어지는 것이다.

재미있는 수

지금까지 봐 왔던 것처럼 수는 자연수, 유리수, 실수, 복소수로 그 범주를 넓혀 왔다. 수는 이 세계에 존재하는 여러 사물이나 물건을 표현하기 위해서 발견되고 사용되어 왔지만 그 과정에서 사람들은 그 수 자체에 대해서 더 많은 흥미를 갖게 되었다. 수 중에는 아름다운 수, 이상한 수, 재미있는 수라고 불리는 것도 있다. 수는 본래 추상적인 개념이기 때문에 재미있거나 재미없는 수가 있을 턱이 없다. 인도의 천재 수학자 라마누잔의 에피소드를 통해서 재미있는 수와 재미없는 수를 생각해 보자.

입원을 한 라마누잔에게 어느 날 그의 스승 하디 교수가 문병을 왔는데 그때 타고 왔던 택시 번호가 1729였다고 한다. 하디는 이 번호가 정말 재미없는 숫자라고 했다. 그러자 라마누잔은 바로 "그렇지 않습니다. 1729는 두 세제곱 수의 합으로 나타낼 수 있는 방법이 두 가지인 가장 작은 수입니다."라고 말했다고 한다.

$$1729 = 1^3 + 12^3 = 9^3 + 10^3$$

라마누잔의 수학적 천재성을 잘 보여 주는 일화이다.

이처럼 수의 역사 속에는 여러 이름을 가진 개성적인 수들이 등장한다. 이들 개성적인 수들 중 몇 개를 소개한다.

소수

1과 그 수 자신 이외의 자연수로는 나눌 수 없는 자연수를 **소수**素數 prime number라고 한다.

작은 수부터 순서대로 쓰면 2, 3, 5, 7, 11, 13, 17, 19, 23, …… 이다. 1도 1과 그 수 자신만으로 나누어떨어지는 수이지만 1은 소수가 아니다. 소수는 옛날부터 많은 수학자들이 흥미를 가진 재미있는 수이다. 어떤 자연수는 몇 개의 소수의 곱으로 분해할 수 있다. 이것을 수의 **소인수분해**素因數分解, factorization in prime factors라고 한다. 어떤 수를 소인수분해하는 방법은 한 가지밖에 없다. 예를 들어 $18 = 2 \cdot 3^2$처럼 한 가지로 정리된다. 여기에서 만일 1을 소수에 포함시킨다고 가정하고 소인수분해를 하면 $18 = 2 \cdot 3^2 = 1 \cdot 2 \cdot 3^2$가 되어 두 가지 방법이 된다. 이것은 위에서 소인수분해 방법이 하나밖에 없다는 것과 일치하지 않게 된다. 그래서 1을 소수에서 제외한 것이다. 또 이 사실은 좀 관점을 바꾸면 어떤 자연수는 반드시 어떤 소수로 분해된다는 것을 나타낸다.

증명

귀류법을 이용하자.

소수가 n개밖에 없다고 가정하고 그것들을

$$p_1, p_2, p_3, \cdots\cdots, p_n$$

이라고 한다.

이들의 곱 $p_1 p_2 p_3 \cdots\cdots p_n$을 만들어, 수

$$p = p_1 p_2 p_3 \cdots\cdots p_n + 1$$

을 만든다. 이 수 p는 어떤 소수로도 나눌 수가 없다(실제, n개밖에 없다고 가정했던 소수 $p_1, p_2, p_3, \cdots\cdots p_n$으로 나누어도 1이 남는다).

이것은 어떤 수라도 소수로 나누어떨어진다는 위에서 설명한 사실과 어긋난다.

소수라고 하는 '재미있는 수'의 성질과 위의 증명에 대해서 사람들은 지금부터 2,000년 전부터 알고 있었다. 사람과 수의 교제가 긴 역사를 갖고 있음을 알 수 있다. 그리고 동시에 사람들이 수 자체에 대한 흥미가 얼마나 오래 되었는지도 알려 준다.

소수는 무한하게 많이 있는데 숫자가 커질수록 그 간격도 점점 벌어진다. 그렇지만 소수 중에는 2가 차이나는 소수들이 있다. 예를 들어 3과 5이다. 이런 소수의 조합을 **쌍둥이 소수**twin prime라고 한다. 쌍둥이 소수 중에는 엄청나게 큰 소수가 있다. 예를 들면 아래의 소수와 같은 것이 있다.

$$33218925 \times 2^{169690} - 1, \ 33218925 \times 2^{169690} + 1$$

이 수는 5만 자리 이상의 큰 수이다. 쌍둥이 소수도 무한하게 많이 있을까? 아직 해결되지 않은 문제이다.

소수에 관한 미해결 난제 중의 하나가 바로 **골드바흐의 추측**Goldbach's conjecture이다. 러시아의 골드바흐 교수가 오일러에게 편지로 묻게 되면서 유명해진 문제이다. 골드바흐 교수는 "2보다 큰 모든 짝수는 두 소수의 합으로 나타낼 수 있다."라고 추측했다고 한다. 숫자로 예를 들면 다음과 같다.

$$4=2+2,\ 6=3+3,\ 8=3+5,\ 10=3+7,\ 12=5+7\cdots\cdots$$

이런 식으로 확실히 성립한다. 어마어마하게 큰 수도 확실히 성립한다는 것을 알고 있다. 지금까지 알려진 바로는 "모든 짝수는 여섯 개 이하의 소수의 합으로 나타낼 수 있다."까지 알지만 증명할 수는 없었다. 많은 수학자들이 맞을 거라고 생각하지만 아직도 명쾌한 설명이 나오지 않았다.

완전수

완전수完全數, complete number는 수학 소설과 영화에서 많이 다루어진 소재라서 일반 사람들에게도 친근한 존재이다. 6의 자기 자신을 제외한 약수는 1, 2, 3인데 이것을 전부 더하면 6이 된다.

$$6=1+2+3$$

이처럼 자기 자신을 제외한 모든 약수의 합이 자기 자신이 되는 수를 완전수라고 한다. 6은 가장 작은 완전수이다. 다음 완전수는 28이다. 실제로 28의 약수는 1, 2, 4, 7, 14이고 전부 더하면 28이 된다.

$$28=1+2+4+7+14$$

지금까지 알려진 완전수는 모두 짝수로 홀수의 완전수는 하나도 발견하지 못했다. 홀수의 완전수가 있는지 없는지는 아직 미해결의 난제이다.

반면 짝수의 완전수에 대해서는 여러 사실들이 알려져 있다.

$$2^{n-1}(2^n-1)$$

은 2^n-1이 소수라면 완전수가 된다는 것이 알려져 있다. 뒤집어 말하면 짝수의 완전수는 이와 같은 형태를 갖는다. 한편, 2^n-1이라는 형태의 소수를 **메르센 소수**Mersenne number라고 한다. 예를 들어

$$3=2^2-1,\ 7=2^3-1,\ 31=2^5-1$$

이기 때문에 3, 7, 31은 메르센 소수이다. 5와 11은 메르센 소수가 아니다. 31은 메르센 소수이므로

$$496=2^4(2^5-1)$$

은 완전수가 된다. 이것이 28 다음에 오는 완전수이다. 만일 메르센 소수가 무한하다면 완전수도 무한하다. 그러나 유감스럽게도 메르센 소수의 무한 여부는 알 수 없다. 그래서 아직 완전수 또한 무한하게 있는지는 역시 알 수 없다.

지금까지 알려진 가장 큰 메르센 소수는 2008년 8월 23일에 UCLA
에서 발표한 수로

$$2^{43112609} - 1$$

이다.

 **초월수**

실수에 대해서 설명했을 때 분수가 되지 않는 수인 무리수가 나왔다.
$\sqrt{2}$와 원주율 π를 무리수의 예로 들었는데 사실 두 개의 무리수는 매우
다르다. $\sqrt{2}$는 정수를 계수로 한 방정식 $x^2 - 2 = 0$의 해가 된다. 이처럼
정수를 계수로 하는 방정식의 해가 되는 수를 **대수적**代數的 **수**라고 하고
특히 그것이 무리수일 때에는 **대수적 무리수**代數的 無理數라고 한다. 결
국, $\sqrt{2}$는 대수적 무리수이다. 그렇지만 원주율 π는 정수를 계수로 하는
어떤 방정식의 해도 되지 않는다. 이런 수를 **초월수**超越數, transcendental
number라고 한다. 원주율은 가장 잘 알려진 초월수이고 이 외에 자연로
그의 밑 $e = 2.71828182845904\cdots$도 초월수이다.

그러나 초월수로 알려진 수는 그렇게 많지 않다. 몇 개 유명한 수를
예로 들면 $2^{\sqrt{2}}$와 $\sqrt{2}^{\sqrt{2}}$는 초월수가 된다. e^{π}도 초월수이지만 π^e와 $\pi + e$
가 초월수인지 아닌지는 아직 알 수 없다. 이들 수는 거의 확실하게 초

월수가 되겠지만 그 증명은 대단히 어렵기 때문이다.

그 외에 자연수를 순서대로 나열해서 만든 소수

$$0.123456789101112131415\cdots\cdots$$

는 초월수로 알려졌다.

아직까지 초월수에 대한 지식은 개별적인 것에 국한되어 있을 뿐, 초월수 전체에 걸쳐 있는 지식은 아주아주 적다. 그렇지만 19세기 말부터 20세기 초반에 걸쳐서 칸토르Georg Cantor가 만든 집합론이란 수학을 사용하면서 아주 신기한 사실을 알아냈다. 실수의 대부분이 초월수라는 사실이다. 대수적 수도 초월수도 모두 무한히 많이 있다. 맨 처음에 설명한 일대일대응의 원리를 무한하게 적용함으로써 두 개의 무한을 구별하는 것이 가능하게 되었고 그 방법을 사용하여 대수적 수의 무한보다 초월수의 무한이 무한하게 크다는 것도 알게 되었다. 우리들이 구체적으로 알고 있는 초월수는 π나 e밖에 없다. $\pi+e$조차 초월수인지 아닌지 알지 못한다. 그럼에도 불구하고 수의 대부분은 초월수이다.

지금까지 일반적인 수와 개성적인 수에 대해서 이야기를 해 왔다. 수는 계산이라고 하는 기술과 함께 이 세계를 설명하는 유용한 수단이다. 수와 계산은 차의 양쪽 바퀴와 같다. 이어서 이 계산이라는 기술에 대해서 조금씩 생각해 보자.

덧셈

계산 법칙 중에서 가장 친숙한 것은 **덧셈**addition일 것이다. $2+3=5$가 되는 것은 누구나 알고 있지만 이 간단한 계산에 재미있는 문제가 숨어 있다. 우리는 일상 생활에서 구체적인 수의 계산을 경험한다. 780원짜리와 1,200원짜리 물건을 사면 1,980원을 지불한다. 이것을 수로 말하면 다음과 같이 계산한다.

$$780+1,200=1,980$$

그렇지만 가령 780m를 걸어서 간 그 가게에서 1,200원짜리 물건을 샀다. 합해서 얼마인가? 이 질문은 아무런 의미가 없다. 합해서 1,980? 분명 이 두 개의 수를 더하는 것은 가능하고 $780+1,200=1,980$이다. 그러나 세상에는 더한다고 하더라도 별로 의미가 없는 양이 있다. 걸어온 거리와 가격을 더하는 것이 그러한 예이다. 덧셈은 같은 종류의 양끼리 해야 한다. 현실을 살아갈 때 항상 염두에 두어야 한다. 그렇지 않으면 괜히 쓸데없는 계산을 하게 될 것이기 때문이다.

그럼 이번에는 분수의 덧셈을 하면서 통분과 약분에 대해서 생각해 보자. 두 개의 분수 $\frac{a}{b}$, $\frac{c}{d}$를 더하는 문제를 풀어 보자. $\frac{a}{b}$는 $\frac{1}{b}$단위가 a개 있고 $\frac{c}{d}$는 $\frac{1}{d}$단위가 c개 있다. 두 개의 크기가 다른 단위를 더하기 위해서는 공통의 단위를 만들어야 하는데 그것이 바로 **통분**通分, reduction이다. 형식적으로는 공통단위를 $\frac{1}{bd}$이라고 하면

$$\frac{1}{b} = \frac{d}{bd}$$

결국, $\frac{1}{b}$는 또 그것을 d등분한 것의 d개분이니까

$$\frac{a}{b} = \frac{ad}{bd}, \quad \frac{c}{d} = \frac{bc}{bd}$$

가 된다. 이때 공통단위 $\frac{1}{bd}$로 계산을 하면 된다. 실제로 더하면

$$\frac{a}{b} + \frac{c}{d} = \frac{ad + bc}{bd}$$

가 된다.

약분은 계산보다는 분수의 표기를 깔끔하게 하려고 할 때 사용한다. 그러나 실제로 계산을 할 때에는 공통단위를 만드는 통분이 훨씬 더 중요하다.

현실의 양(量)에서는 실제로 더할 수 있는지 아닌지가 가장 큰 문제이다. 수를 계산할 때 그 성질과 기술에 대해서 정확히 파악할 필요가 있다는 것은 실제의 양을 계산할 때 매우 중요하다. 다음으로 계산의 법칙에 대해서도 생각을 해 보자.

숫자의 덧셈에는 여러 성질이 있지만 중요한 것은 다음의 네 가지이다.

1. **교환법칙** $a+b=b+a$가 성립한다.
2. **결합법칙** $a+(b+c)=(a+b)+c$가 성립한다.
3. **0의 존재** 모든 수 a에 대해서 $a+x=x+a=a$가 되는 수 x가 있다. 이 성질을 가진 수 x를 0 또는 덧셈의 **항등원**恒等元, identity 이라고 하고 0이라고 쓴다.
4. **역원**additive inverse**의 존재** 각각의 수 a에 대해서 $a+x=x+a$ $=0$이 되는 수 x가 있다. 이 성질을 가진 x를 a의 **덧셈의 역원** 이라고 하고 a에 대해서 $-a$라고 쓴다.

덧셈을 할 때 이 네 가지 규칙을 잘 사용해야 한다.

교환법칙은 어떻게 성립할까? 덧셈은 같은 양(量)을 더하는 값을 나타내기 때문이다. 세 개의 사과와 두 개의 사과를 같은 곳에 두면 다섯 개의 사과가 된다. 이때 사과 세 개가 오른쪽에 있고 사과 두 개는 왼쪽에 있어도 함께 합쳐 놓으면 다섯 개가 되는 것에는 변함이 없다. 덧셈의 교환법칙 성립을 가장 원리적으로 설명하는 예이다.

결합법칙은 세 개의 접시에 있는 사과를 합칠 때 어떤 접시부터 합쳐도 결과는 같다는 것이다. 주의해야 할 점은 이 경우, 더하는 수순이 다르다는 것이다. 수순이 달라도 덧셈에서는 문제가 되지 않는다. 결과만을 보기 때문이다. 0은 텅 빈 접시이다. 이 접시에 몇 개의 사과를 얹어도 사과의 개수는 변하지 않고 다섯 개의 사과가 놓인 접시와 텅 빈 접시를 합쳐도 사과의 개수는 변하지 않는다.

이처럼 교환법칙과 결합법칙, 0의 존재는 덧셈의 성질을 현실적으로 반영한다.

그렇다면 뺄셈은 어떨까?

반대의 반대는?

숫자의 개수를 이야기할 때 −3개의 사과는 의미가 없다. 텅 빈 접시보다도 사과의 개수가 적을 수는 없기 때문이다. 음수는 앞에서 설명한 것처럼 상황이나 상태를 나타낸다. 10개의 사과가 들어 있는 상자가 있다. 이 상자에 사과가 가득 들어 있는 상황을 기준으로 보면 상자에서 세 개의 사과가 없어진 것은 −3개이다. 설명을 할 때 온도처럼 기준이 확실한 것을 예로 드는 것이 가장 편하다. −3은 기준이 되는 물이 어는 온도보다 3도 낮다는 상태를 말한다.

음수의 계산에서 가장 커다란 의문은 마이너스 곱하기 마이너스가 플러스가 된다는 사실이다. "빌린 돈에 빌린 돈을 곱하면 어째서 재산이 되는가?”라는 스탕달의 말은 초점을 벗어났다고 이미 설명하였다. 재산에 재산을 곱한다고 다른 재산이 되는 것이 아니다. 돈에 돈을 곱하는 것은 의미가 없다. 그러니까 이 사고방식은 처음부터 좀 이상했다. 사실 이 성질은 이미 역원이라고 하는 개념 속에 내재되어 있었다.

역원이란 어떤 수인가? 더하면 0이 되는 두 개의 수이다. 이들을 서로 다른 수의 역원이다. 그러므로 2의 역원은 -2이고 -7의 역원은 7이다. 0만은 조금 특별해서 0 자신이 자신의 역원이다. 이것은 물리학에서 말하는 양자와 전자 같은 것으로 순식간에 소멸해서 0이 된다.

지금 $-a$를 음수(a는 보통의 수)라고 하고 그 역원을 a로 하자. 역원의 정의에서

$$(-a)+x=0$$

이다. 한편 a의 역원 정의에서 $(-a)+a=0$이다. 이것은 a가 $-a$의 역원이라는 것을 나타내고 있다. 따라서

$$x=a$$

가 된다. x는 $-a$의 역원이기 때문에

$$x=-(-a)$$

이다. 결국

$$- (-a) = a$$

가 된다. 반대의 반대가 원래대로 된다는 것이다. 이것을 역원이라는 시점에서 바라본 '마이너스×마이너스＝플러스'이다. 생각해 보면 당연하다. 허수를 설명했을 때 -1을 곱하는 것이 수직선상에서 180° 반전을 의미한다고 이야기했다. 역원에 의한 '마이너스×마이너스＝플러스'의 설명은 이것을 다시 한 번 반복한 것이다.

여기에서는 역원 $-a$가 a에 대해서 하나밖에 없다는 것을 설명했다. 이것은 사칙연산을 설명하는 곳에서 다시 설명하겠다.

곱셈

곱셈multiplication에 대해서 생각을 해 보자. 덧셈과 곱셈은 계산 자체의 의미에서 본질적으로 다른 점이 있다. 덧셈에서 설명한 것처럼 10kg과 3m를 더한 13은 의미가 없다. 그러나 곱셈의 경우는 10kg과 3m를 곱한 30kg·m에는 의미가 있다. 30kg·m는 10kg의 물체를 3m 이동했을 때의 일의 크기(일의 양)를 나타낸다. 덧셈은 같은 양끼리의 연산이지만 곱셈은 다른 양을 곱함으로써 새로운 양을 만들어 내는 힘이 있다. 이것이 덧셈과 곱셈의 가장 큰 차이이다.

또한 계산 과정만을 보면 곱셈을 덧셈의 반복과 생략으로 볼 수 있다. 결국

$$5+5+5+5=5\times4$$

처럼 n을 m개 곱한 것을 $n\times m$이라고 쓰고 이것을 **누가**累加라고 부른다. 누가는 같은 것을 거듭하여 곱하는 것을 말한다. 처음에는 이 개념으로 곱셈을 알기 쉽게 설명할 수 있지만 곱셈의 모든 의미를 설명하는 것에는 한계가 있다. 누가는 곱셈을 계산하기 위한 하나의 방법으로 생각하는 편이 좋다. 왜냐하면 누가로는 소수나 분수에서 곱셈의 의미를 생각할 수 없기 때문이다.

그렇다면 수치의 계산인 곱셈은 어떤 성질이 있을까? 수의 곱셈에는 여러 성질이 있지만 중요한 것은 다음의 네 가지이다.

1. **교환법칙** $a\times b=b\times a$가 성립한다.
2. **결합법칙** $a\times(b\times c)=(a\times b)\times c$가 성립한다.
3. **1의 존재** 모든 수 a에 대해서 $a\times x=x\times a=a$가 되는 수 x가 있다. 이 성질을 가진 x를 곱셈의 **항등원**이라고 말하고 1이라고 쓴다.
4. **역원의 존재** 각각의 수 $a(a\neq0)$에 대해서 $a\times x=x\times a=1$이 되는 수 x가 있다. 이 성질은 가진 수 x를 a의 **곱셈의 역원**라고 하고 a에 대해서 $\dfrac{1}{a}$이라고 쓴다.

이렇게 해서 열거해 보면 덧셈과 곱셈이 같은 성질인 것을 잘 알 수 있다.

마지막으로 덧셈과 곱셈의 상호관계를 나타내는 성질도 있다.

    5. **분배법칙** $a \times (b+c) = a \times b + a \times c$가 성립한다.

이 분배법칙을 사용하면 전에 나온 누가가 다음과 같이 표현된다.

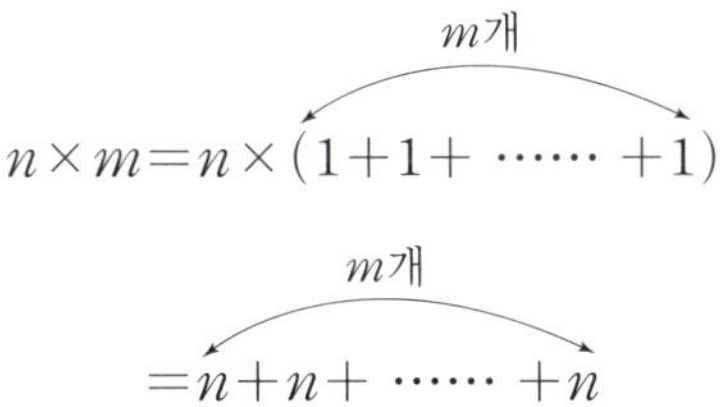

우리는 평소에 덧셈과 곱셈에 대한 아홉(덧셈 4＋곱셈 4＋덧셈과 곱셈 1) 가지 성질을 사용해서 수를 계산한다. 그러나 대부분의 사람들은 그런 성질을 인식하지 못하고 계산한다. 시험 삼아 초등학생이 다음 계산을 어떤 식으로 하는지 알아보자.

$$27 \times 15 = 405$$

초등학생은 이 계산을 곱셈으로 다음과 같은 식을 연필로 써 가면서 계산한다.

$$\begin{array}{r} 27 \\ \times\ 15 \\ \hline 135 \\ 27\ \ \\ \hline 405 \end{array}$$

실제로 익숙해지면 별 생각 없이 그냥 사용하는 세로 계산이다. 이 의미를 자세히 쓰면 다음과 같다.

$$
\begin{aligned}
27 \times 15 &= (20+7) \times (10+5) \\
&= (20+7) \times 10 + (20+7) \times 5 \\
&= 20 \times 10 + 7 \times 10 + 20 \times 5 + 7 \times 5 \\
&= 200 + 70 + 100 + 35 \\
&= 270 + 135 \\
&= 405
\end{aligned}
$$

이 계산 중에는 덧셈, 곱셈, 곱셈의 교환법칙과 분배법칙이 사용되고 있음을 알 수 있다. 초등학생이 하고 있는 세로 계산은 이 계산을 의식하지 않고 간단한 형식으로 줄여서 하는 엄청난 기술이라고 할 수 있다.

실수라는 수의 시스템 안에서는 덧셈과 곱셈을 할 수 있고 덧셈의

역원과 곱셈의 역원을 사용하면 그 역산인 뺄셈과 나눗셈(0으로 나누는 것 제외)도 자유롭게 할 수 있다. 이처럼 사칙연산을 자유롭게 할 수 있는 수의 시스템을 '체'라고 부른다고 앞에서 소개했다. 지금까지 나온 수 체계 중에서 유리수와 실수, 복소수가 '체'에 해당된다. 따라서 각각의 수 체계를 유리수체, 실수체, 복소수체라고 한다.

실제로 체 중에서 앞서 나온 사칙연산과 덧셈과 곱셈의 상호관계인 분배법칙까지 모두 성립된다. 시험 삼아 다시 한 번 '마이너스 × 마이너스'는 플러스가 되는 것을 형식적으로 설명하자. "수학에 논리란 어떤 것이 있는가?"에 대한 답이 이 설명 속에 나와 있다.

정리 체에서 0은 하나밖에 없다.

증명

0 이외의 또 다른 덧셈의 역원 0′이 있다고 하자. 0과 0′의 성질로부터

$$0 = 0 + 0'$$
$$= 0'$$

이 된다. 이것으로 0이 하나밖에 없다는 것을 알게 되었다.

증명

$-a$ 외에 다른 하나의 a의 역원이 있다고 하자. 그러면

$$x+a=0$$

이다. 양변에 a의 역원 $-a$를 더하면

$$(x+a)+(-a)=0+(-a)$$
$$=-a$$

한편, 좌변은

$$(x+a)+(-a)=x+(a+(-a))$$
$$=x+0$$
$$=x$$

따라서 $x=-a$이다.

이것으로 덧셈의 역원은 각 a에 대해서 하나밖에 없다는 것을 알 았다.

이하 몇 개의 정리를 제시한다.

정리 모든 a에 대해서 $a \times 0 = 0$이다.

증명

$$a \times 0 = a \times (0+0)$$
$$= (a \times 0) + (a \times 0)$$

여기에서 양변에 $a \times 0$의 역원 x를 더하면

$$0 = a \times 0 + x$$
$$= ((a \times 0) + (a \times 0)) + x$$
$$= (a \times 0) + ((a \times 0) + x)$$
$$= (a \times 0) + 0$$
$$= a \times 0$$

정리 $(-1) \times a = -a$, 즉 a의 역원은 a와 -1의 곱이다

증명

$$(-1) \times a + a = (-1) \times a + 1 \times a$$
$$= ((-1)+1) \times a$$
$$= 0 \times a$$
$$= 0$$

그런데 곱셈의 역원은 하나밖에 없기 때문에 $(-1) \times a = -a$이다.

 $(-1) \times (-1) = 1$

$$(-1) \times (-1) + (-1) = (-1) \times (-1) + (-1) \times 1$$
$$= (-1) \times ((-1) + 1)$$
$$= (-1) \times 0$$
$$= 0$$

따라서 $(-1) \times (-1)$은 -1의 역원이기 때문에

$$(-1) \times (-1) = 1$$

이다.

앞에서 -1을 곱하는 것은 수직선이 $180°$ 회전하는 것이라고 이야기했다. 위의 결과는 그 사실을 형식적으로 확인한 것이다. 이상으로 '마이너스×마이너스=플러스'가 되는 것을 형식적으로 증명할 준비를 모두 갖추었다.

 $(-a) \times (-b) = a \times b$이다. 음수끼리의 곱은 양수가 된다.

$$(-a) \times (-b) = ((-1) \times a) \times ((-1) \times b)$$

$$= ((-1) \times (-1)) \times (a \times b)$$

$$= 1 \times a \times b$$

$$= a \times b$$

이처럼 체라고 하는 수의 시스템 안에서는 덧셈과 곱셈의 성질부터 수 계산의 규칙까지 순차적으로 증명할 수 있다. 계산의 의미를 설명하는 것과 조금 다르다. 예를 들어 '마이너스×마이너스=플러스'가 되는 것을 이해시킬 수 있는 하나의 수단이다.

지금까지 봐 온 것처럼 수는 양(量)을 비교하고 그 크기를 비교하기 위해서 생각해 낸 것이다. 그러므로 수 계산 규칙의 의미는 양의 조작 가운데 숨어 있다. 양 조작의 성질과 의미를 이해하면서 동시에 연산의 형식적인 설명을 이해할 수 있으면 계산의 규칙을 이해할 수 있지 않을까 한다.

그렇다면 지금까지 생각한 수의 시스템을 처음부터 공리로 구성하는 것이 가능할까? 마지막에 그것을 생각해 보자.

페아노 공리계

수란 무엇인가?

수는 양의 크기를 표현하는 수단으로 생겨났고 점차 진화하여 양의 크기와 동시에 상태를 나타내고 나아가 조작(操作)까지 포함하게 되었다. 그 과정에서 '세는 것'에서 '측정하는 것'으로 발전했고 특정의 단위로는 측정할 수 없는 양으로서의 무리량(무리수)도 발견되었다. 그렇다면 이러한 양(量)으로부터 완전히 떨어진 추상적인 혹은 형식적인 수를 만드는 것이 가능할 것인가?

페아노는 이런 의문에서 20세기의 초에 공리적으로 수를 세우는 것을 생각했다. 수의 공리는 그것을 연구한 수학자의 이름을 따서 **페아노 공리계**Peano system라고 한다.

페아노 공리계

다음 공리를 만족하는 집합을 '자연수 집합'이라 부르고, N으로 나타낸다.

1. N에는 특별한 원소 1이 있다.

2. 함수 $S(x):N \longrightarrow N$이 존재한다.

3. $S(x)=S(y)$라면 $x=y$이다.

4. $S(x)=1$이 되는 x는 존재하지 않는다.

5. N의 부분집합 M이

   (1) $1 \in M$

   (2) $x \in M$일 때 $S(x) \in M$을 충족하면

$M=N$이다.

마지막 공리를 **귀납법 공리**라고 한다. 이것은 본질적으로 공리 1에

서 공리 4를 충족하는 집합은 자연수밖에 없다는 내용으로 그 의미에서 **배타공리** 排他公理라고도 부른다. 지금까지 생각해 왔던 실수의 덧셈, 곱셈 같은 연산이나 무리수 등은 이 다섯 개의 공리로 순차적으로 구성하는 것이 가능하다.

자연수에서 시작해서 분수, 0과 양음의 유리수, 실수, 복소수까지 차례차례로 구성해서 이들의 성질을 증명하는 것이 가능하게 되었다.

$$a+b=b+a$$

우리는 자연수 덧셈에서의 교환법칙을 양의 합병 교환 가능성으로 이해해 왔다.

이 경우 교환법칙은 이른바 '자연의 법칙'이기 때문에 증명하지 않아도 이해할 수 있었다. 이 이해는 틀리지 않다. 초등학교부터 시작하는 수학 공부는 계산이 가진 성질을 자연법칙으로 이해하고, 그 입장에서 전개한다. 결국 양의 합병은 교환 가능하고 그것을 수로 표현하는 덧셈도 교환 가능하다. 그러나 이 페아노 공리를 출발점으로 하면 교환법칙은 증명할 수 있는 정리로서 모습을 드러낸다.

$1+2=2+1$은 양쪽 모두 3이 되기 때문에 동등한 것은 아니다. 그렇게 될 수 있음을 증명할 수 있어서 그 결과를 3이라고 쓴다는 것이다.

페아노의 공리에 따라 순서대로 수를 구성해 가는 작업은 그리 어려운 수학이 아니다. 다만 논리적으로 한 발 한 발 끈기 있게 나아가는 것이 필요하다. 이 책에서는 그 전개를 자세하게 서술하지 않는다. 하나만 더 이야기를 해 보자.

페아노의 수론이 양이 아닌 순서의 개념에 기초하고 있다는 것을 소개했다. 페아노의 공리 두 번째에 나오는 함수 $S(x):N \to N$은 자연수 x의 다음 자연수를 지정하는 함수로 페아노의 공리는 결국 "자연수란 1에서 출발해서 순차적으로 다음의 자연수를 지정할 수 있는 시스템이다."라는 말이다.

이상으로 수의 발전과 그 계산에 대해서 하나의 설명을 끝낸다. 수는 정말 신기하다. 우리가 수를 전부 이해할 날은 결국 오지 않을지도 모른다.

문자의 사용 / 방정식 / 일차방정식 /
이차방정식 / 방정식을 푼다는 것의 의미 1 /
대칭식과 교대식 / 고차 방정식 /
삼차방정식과 카르다노 – 타르타글리아의 공식 /
또 하나의 시점 / 사차방정식의 페라리 해법 /
방정식을 푼다는 것의 의미 2 /
대수학 기본정리의 증명 스케치

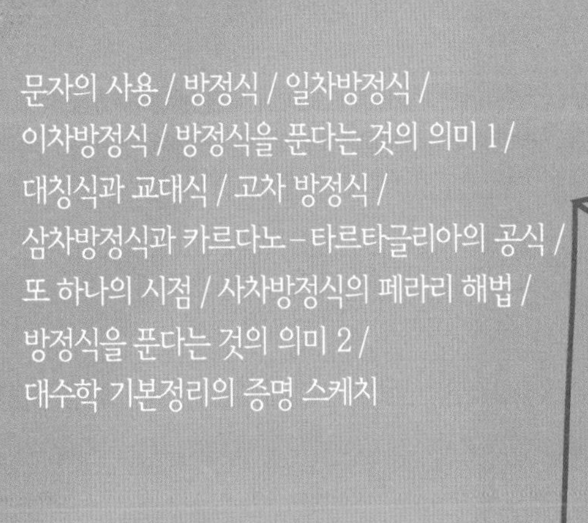

제 2 장
문자와 방정식

제 2 장

문자와 방정식

🔔 문자의 사용

  예전에는 초등학교에서 배우던 산수(算數)가 중학교에 가면 '수학'이라는 이름으로 바뀌었다. 이름이 바뀌면서 갑자기 어렵다는 느낌을 갖게 된 학생들이 많았다. 그러나 산수와 수학은 본질적으로 다른 것이 아니다. 산수란 초등 수학을 말한다. 모든 학문은 학년이 올라가면 점점 어려워진다. 당연히 과학도 사회도 학년이 올라가면 점점 어려워진다. 결국 산수가 수학으로 이름이 바뀌었다고 해서 그 학문의 성격이 바뀌지는 않는다. 예를 들어 '증명'이라는 말은 중학교에서 처음 나온다. 하지만 그렇다고 증명이 초등학교에서 나오지 않는 것은 아니다.

65

답 120m

이 문제는 초등학교 수학에 나오는 아주 어려운 문제 가운데 하나인데 그 답은 120m이다. 이 답의 추론 과정을 다른 사람에게 설명하려면 어떻게 해야 할까? 설명 방법은 수학에서 이야기하는 증명과 같다. 이 문제를 "이 철교의 길이가 120m라는 것을 증명하시오."라고 고치면 금방 알 수 있다. 증명이라는 말이 나오는지 나오지 않는지에 관계없이 초등학교 수학부터 증명이 나온다. 수학에서는 설명해야 하는 것은 꼭 설명을 해야 한다. 그냥 어정쩡하게 끝낼 수는 없다. 그것이 바로 수학을 대하는 기본 태도이다.

수학은 추상성이 높은 학문 중의 하나이다. 수학은 초등학교에서 배우는 다른 과목과 비교했을 때 추상성이 상당히 높다. 분수를 예로 들어 보자. 아주 간단한 형태의 분수는 주변에서 구체적인 양의 모습을 나타내고 있어서 아이들이 쉽게 접할 수 있지만 예를 들어 $\frac{1}{7}$과 같은 분수는 일상에서는 거의 볼 수 없다. 그래서 개념으로서 분수를 이해할 필요가 있다.

다시 앞의 문제로 돌아가 보자. 이 문제를 풀 때 중학생이라면 보통 다리의 길이를 x라고 하고 방정식을 세운다. 일단 방정식을 세우게 되면 다리를 길이를 xm라고 하고 전철이 철교를 빠져나가기까지 달리는 거리는 $x+90$이며 여기를 달리는 데 7초가 걸린다. 이 전철의 초속은 $108,000(\text{m}) \div 3,600(\text{초}) = 30$으로 초속 30m이므로 다음의 방정식이 성립한다.

$$x+90 = 30 \times 7$$

이 방정식을 풀면 $x = 120(\text{m})$가 된다.

이 문제를 풀려면 (전체의 거리)＝(전철의 길이)＋(철교의 거리)가 된다는 것을 알아야 한다. 이것을 생각할 수 있다면 시속을 초속으로 고친 다음 바로 문제를 풀 수 있다. 이 산수 문제가 어려운 것은 달리는 거리 속에 알 수 없는 양이 나온다는 점 때문이다.

전체 길이가 90m인 전철이 시속 108km로 달린다. 이 전철이 길이가 120m인 철교에 들어가면서부터 빠져나오는 데 몇 초가 걸릴까?

이렇게 문제가 나왔다면 그리 어려운 문제가 아닐 것이다. 달리는 거리가 전철과 철교의 길이를 더한 210m라는 것을 알게 되면 나중에는 시속을 초속으로 바꾸고 시속 30m이기 때문에 $210 \div 30 = 7$로 7초라는 답을 구할 수 있다.

위의 이야기 속에서 우리는 산수와 수학을 구별하는 하나의 단서를

문자와 방정식

발견할 수 있다. 보통 산수에서는 문자를 사용하지 않지만(사용해서는 안 된다는 지도법은 틀렸다고 생각하지만 그 주제에 대해서는 여기에서 이야기하지 않기로 한다) 수학은 문자를 사용한다. 문자를 사용함으로써 수학은 굉장히 자유로워진다. 문자는 알 수 없는 것을 x로 놓고 사용한다. 또 다른 하나의 예를 들자.

제1장에서 계산의 교환법칙을 살펴보았다. 덧셈에 대해서 말한다면 수의 덧셈은 $a+b=b+a$를 충족시켰다. 이것은 덧셈에 대해서 성립하는 법칙이다. 이것을 $1+2=2+1$이라든가 $103+18=18+103$ 등의 예를 여러 개 든다고 해도 법칙이 성립한다고 말하기에는 역부족이다. 법칙이 되려면 예시라는 방법으로 '처럼'과 같은 말을 보충해서

$2+3=3+2$처럼 두 숫자의 덧셈은 더하는 순서를 교환해도 마찬가지이다.

라고 말해야 한다. 이것을 문자를 사용해서 다음과 같이 나타낼 수 있다.

수의 덧셈에서는 $a+b=b+a$가 성립한다.

이렇게 간단하게 나타내는 것이 가능하다. 이렇게 문자를 사용하면서 산수에서는 예로만 설명했던 사항들을 수학에서는 법칙으로 기술할 수 있게 되었다.

수학에서 문자 사용은 몇 개의 패턴이 있다.

1. **일반 정수로서의 문자** 교환법칙의 기술처럼 수 일반을 나타낸다.

2. **변수로서의 문자** 변화하는 수치를 나타낸다.

3. **미지수로서의 문자** 특정의 수이지만 몇 개인가를 알 수 없을 때 사용한다.

이 세 가지가 대표적이다. 변수로서의 문자에 대해서는 제3장 '변화의 법칙과 함수'에서 다룰 것이다. 여기에서는 미지수로서 문자의 기능을 자세히 설명하기로 하자.

방정식

전철과 철교의 문제는 길이를 알 수 없는 철교 때문에 어려운 문제가 되어 버렸다. 결국

$$빠르기 \times 시간 = 거리$$

라는 식으로 빠르기와 시간을 알면 지극히 자연스럽게 거리를 나타낼 수가 있는데 이 문제에서는 사고의 전환이 필요하다.

"대수(代數)는 교활한 수학이다."라는 말이 있다. 결국 알고 있지도 않으면서 알은 척을 해서 x라고 한다. 옛날부터 내려오는 어려운 산수 문제 가운데 '학거북산'이 있다.

이 문제는 매우 유명하다. 많은 사람들이 푸는 방법을 알고 있다고 생각한다. 문자를 사용하지 않고 풀 때는 다음과 같은 해법이 전형적인 방법이다.

32마리가 모두 학이라고 하자. 그러면 다리의 수는 전부 $32 \times 2 = 64$로 64개가 된다. 그러나 지금 다리의 수는 88개로 24개가 많다. 왜 이런 결과가 나왔는가 하면 몇 마리의 거북이가 있기 때문이다. 학 한 마리가 거북이 한 마리로 되면 다리는 두 개가 늘어난다. 다리는 24개가 늘어야 하기 때문에 거북이로 바꾸어야 하는 학은 12마리가 된다. 따라서 거북이는 12마리이고 학은 20마리가 된다.

이 해법을 찾으려면 "학만 있다고 가정해 보자."라는 발상을 해야 한다.

그럼 이 문제를 문자를 사용해서 풀어 보자.

학이 x마리라고 하자. 따라서 거북이는 $32 - x$마리이다. 그러므로 다리의 수는

$$2x + 4(32 - x) = 88$$

이다. 이 식을 변형하면

$$2x+4(32-x)=88$$

$$2x+128-4x=88$$

$$-2x=-40$$

$$x=20$$

가 되고 문제의 의미를 그대로 식으로 표현하면 해를 구할 수가 있다.

　방정식을 사용해서 풀면 이렇게 되지만[*], 모두를 학이라고 생각하는 발상은 수학적 사고로서도 대단한 것이다.

　이처럼 등호 ＝으로 묶인 식을 **등식**等式이라고 한다. 등식은 기본적으로 두 가지가 있다. 하나는 법칙을 나타내는 식으로 앞에 나온

$$a+b=b+a$$

는 그와 같은 식의 예이다. 그 외에 이런 식도 있다.

$$(a+b)^2=a^2+2ab+b^2$$

　이들 식은 a, b가 어떤 값이어도 항상 성립한다. 앞에서 나온 식은

---

[*] 이 문제를 풀 때 학을 x, 거북이를 y로 한

$$\begin{cases} x+y=32 \\ 2x+4y=88 \end{cases}$$

처럼 **연립방정식**으로 표현하는 편이 훨씬 자연스럽다.

각각 덧셈의 교환법칙과 제곱의 전개법칙을 표현한다. 이처럼 등식 속에 포함된 문자의 값이 무엇이든지 간에 성립되는 식을 **항등식**^{恒等式,} identity이라고 한다. 한편, 거북이와 학의 해법에 나온 등식은 특정의 x의 값에 대해서만 성립한다.

$$2x+4(32-x)=88$$

이와 같은 등식을 **방정식**方程式, equation이라고 한다. 방정식 안에 나오는 특정한 미지의 양을 나타내는 문자 x를 **미지수**라고 한다. 방정(方程)이란 정말 재미있는 말이다. 중국에서 건너 온 말로 고대 중국의 유명한 수학서 『**구장산술**(九章算術)』(기원전 1000년경에 만들어진 동양 최고의 수학서)에 나온다. 방(方)은 정사각형, 정(程)은 할당한다, 분배한다는 의미로 『구장산술』에서는 현재의 삼원 연립방정식에 해당하는 내용을 다루고 있다고 한다. 이처럼 방정식은 아주 오랜 역사를 갖고 있다.

그렇다면 방정식은 반드시 답을 갖고 있을까? 이 문제는 정말 어렵다. 방정식의 역사를 살펴보면서 방정식의 답에 대해서 생각을 해 보자.

일차방정식

미지수 x의 n제곱을 포함한 방정식을 n차 방정식이라고 한다. 그러므로 n차 방정식의 일반형을 정리한 형태로 쓰면 다음과 같이 된다.

$$a_n x^n + a_{n-1} x^{n-1} + \cdots\cdots + a_1 x + a_0 = 0 \quad (a_n \neq 0)$$

특히 **일차방정식**은 아래의 식이 **일반형(표준형)**이 된다.

$$ax + b = 0$$

이 형태만 보면 일차방정식은 정말 간단하다는 생각이 들 것이다. 해법에 대해 알아보자.

일차방정식의 해법

(1) $a \neq 0$일 때

$$ax + b = 0$$
$$ax = -b$$
$$x = -\frac{b}{a}$$

(2) $a = 0$일 때

$b \neq 0$라면 불능 (답이 없다)

$b = 0$이라면 부정 (답이 결정되지 않는다)

$a \neq 0$일 때 나오는 해 $x = -\dfrac{b}{a}$는 일차방정식의 '근의 공식'이지만 이것은 너무나도 간단한 식이기 때문에 보통 근의 공식이라고는 부르지

않는다.

실제로 일차방정식 문제를 풀 때는 문제의 의미에 따라서 일차방정식을 정리하지 않은 형태로 만드는 것이 어려운 경우가 압도적으로 많다. 유명한 문제를 예로 들어 설명해 보자.

디오판토스는 그 생애의 $\frac{1}{6}$을 소년, $\frac{1}{12}$을 청년, $\frac{1}{7}$을 독신으로서 지냈다. 결혼하고 나서 5년 뒤에 아이가 태어났다. 이 아이는 아버지보다도 4년 전에 아버지 나이의 절반으로 이 세상을 떠났다.

이것은 유명한 수학자 디오판토스(246?~330?)의 묘비명이다. 그렇다면 디오판토스는 몇 살에 죽었을까? 문제의 의미를 잘 알지만 실제로 풀려고 하면 쉽지 않다.

디오판토스의 나이를 x라고 하자. 그의 생애를 그대로 연보로 하면 소년시대는 $\frac{1}{6}x$, 청년시대는 $\frac{1}{12}x$, 독신시대는 $\frac{1}{7}x$, 결혼해서 5년째 아이가 태어났지만 그 아이는 $\frac{x}{2}$세까지 살고 디오판토스는 4년을 더 살다가 죽었다.

따라서 그의 나이에 관한 식은 다음과 같이 세울 수 있다.

$$\frac{1}{6}x + \frac{1}{12}x + \frac{1}{7}x + 5 + \frac{x}{2} + 4 = x$$

이것을 정리한 것이 방정식의 표준형이다.

$$\frac{3}{28}x-9=0$$

이것을 풀면

$$x=84$$

가 된다.

당시의 사람으로는 꽤 오래 살았다고 할 수 있다. 이처럼 일차 방정식의 경우는 표준형으로 나타낼 수만 있다면 푸는 것은 간단하다. 푸는 것보다 방정식을 만드는 것이 더 어려운 문제가 많다.

◀ **이차방정식**

그렇다면 이차방정식에 대해서 생각해 보자. 이차방정식의 근의 공식은 중학교에서 배우는 수학 중에서도 흥미로운 것 중의 하나이다.
　일반형은 다음과 같다.

$$ax^2+bx+c=0\,(a\neq0)$$

　이대로는 제대로 풀 수가 없다. 이 방정식을 지금부터 6,000년이나 앞선 바빌로니아에서 풀었다는 사실은 당시 사람들의 문화가 얼마나 깊이가 있었는지를 말해 준다.

　이차방정식은 **완전제곱**이라는 기술을 사용해서 근의 공식을 구한다. 완전제곱이란 어떤 기술인가? 우선 그것부터 생각해 보자. 이차방정식을 어떻게 변형하면 풀 수 있을 것인가? 실마리가 되는 것은 제1장에서 살펴본 제곱근이다. 제곱을 해서 a가 되는 수를 X라고 한다면

$$X^2 = a$$

로 이것을 제곱근이라는 기호를 사용해서

$$X = \pm\sqrt{a}$$

라고 썼다. 여기에서 잠깐 주의할 것이 있다. 제곱근 기호를 사용해서 $\sqrt{2}$라고 쓰면 그 수에 대해서 잘 알고 있는 것 같은 느낌이 들지만 실은 이 기호는 "$\sqrt{2}$는 제곱을 하면 2가 되는 양의 수이다."라는 이야기이다. 그러므로 실제로 얼마나 되는가를 알고 있다는 것은 아니므로 주의해야 한다.

　완전제곱으로 되돌아와서 결국 주어진 방정식이 $X^2 = A$이라는 형태로 변형되면 제곱근이라는 기호를 사용해서 $X = \pm\sqrt{A}$라고 표현할 수가 있다. 이때 해결의 실마리를 제공해 주는 공식이 있다.

풀지 않고 읽는 수학

$$(a+b)^2=a^2+2ab+b^2$$

이 식을 사용하여 이차방정식을 완전제곱식으로 만드는 기술이 필요하다.

그렇다면 실제로 계산을 해 보자.

이차방정식 $ax^2+bx+c=0$의 근의 공식

양변을 a로 나누면

$$x^2+\frac{b}{a}x+\frac{c}{a}=0$$

이 된다.

$$x^2+\frac{b}{a}x+\frac{c}{a}=0$$

$$x^2+\frac{b}{a}x=-\frac{c}{a}$$

$$x^2+\frac{b}{a}x+\left(\frac{b}{2a}\right)^2=\left(\frac{b}{2a}\right)^2-\frac{c}{a}$$

$$\left(x+\frac{b}{2a}\right)^2=\frac{b^2-4ac}{4a^2}$$

$$x+\frac{b}{2a}=\pm\frac{\sqrt{b^2-4ac}}{2a}$$

따라서

문자와 방정식

$$x = \frac{-b \pm \sqrt{b^2 - 4ac}}{2a}$$

가 되어 그 유명한 **이차방정식의 근의 공식**을 얻을 수 있다. 이 공식은 일차방정식의 '근의 공식'과는 달리 실제로 활용할 수 있는 공식이다.

따라서 $D = b^2 - 4ac$의 값이 음수가 되면 근호 안이 마이너스가 된다.

그러므로 앞 장에서 서술한 것처럼 이 경우 이차방정식의 해는 복소수가 된다. 복소수의 중요성을 여기서도 알 수 있다. 이런 경우에 우리가 복소수를 알지 못하면 이차방정식의 해가 없다고 생각하게 된다. 이처럼 $D = b^2 - 4ac$는 이차방정식의 해의 모습을 알기 위해 매우 중요한 식으로 이것을 이차방정식의 **판별식**判別式, discriminant이라고 한다.

그런데 이 공식은 다음과 같은 시점에서 다시 약간 수정할 수가 있다.

방정식을 푼다는 것의 의미 1

방정식을 푸는 것을 어떤 관점에서 생각할 수 있을까?

먼저 실수와 복소수에 대해서는 다음의 식이 성립한다.

$$ab = 0 \text{이면 } a = 0 \text{이든가 } b = 0 \text{이다.}$$

실제 $ab=0$으로 $b\neq0$라면 b의 역원 $\dfrac{1}{b}$이 있기 때문에 양변에 $\dfrac{1}{b}$을 곱하면

$$a\times b=0$$

$$(a\times b)\times\frac{1}{b}=0\times\frac{1}{b}$$

$$a\times\left(b\times\frac{1}{b}\right)=0$$

$$a\times 1=0$$

$$a=0$$

이 되어 $a=0$을 얻을 수 있다. 이것을 수학에서는 "실수와 복소수는 **영인자**零因子, zero divisor를 갖고 있지 않다."라고 표현한다. 그러므로 방정식은 인수분해할 수 있으면 풀 수 있다. 이 아이디어를 이차방정식에 적용해 보자.

지금, 이차방정식 $ax^2+bx+c=0$의 양변을 a로 나누고 이것을

$$x^2+\frac{b}{a}x+\frac{c}{a}=0$$

의 형태로 나타내고 있다. 이 방정식의 해를 α, β라고 하면 이 방정식은

$$(x-\alpha)(x-\beta)=0$$

이라고 인수분해할 수 있다. 이 식을 전개하면

$$x^2 - (\alpha + \beta)x + \alpha\beta = 0$$

이 되기 때문에 원래의 방정식과 계수를 비교하면

$$\alpha + \beta = -\frac{b}{a}, \ \alpha\beta = \frac{c}{a}$$

가 된다. 이것을 **이차방정식의 근과 계수의 관계**라고 이야기한다.

이 최초의 식에서 $\alpha - \beta$의 값을 알면 α, β를 미지수로 하는 연립방정식을 만들 수 있고 α, β를 구할 수 있다. 그럼 $\alpha - \beta$의 값을 구하는 것이 가능할까?

대칭식과 교대식

$\alpha + \beta$, $\alpha\beta$라는 식을 보면 다음을 알 수 있다. 이들 식에서 α, β의 값을 바꿔도 식은 변하지 않는다. 실제로 바꿔서 넣어 보면 $\beta + \alpha$, $\beta\alpha$가 되지만 이것은 물론 원래 식과 같다. 한편, $\alpha - \beta$라는 식은 α와 β를 바꾸게 되면 $\beta - \alpha$가 되고 이것은 원래의 식에 마이너스를 붙인 것(이것을 식의 부호가 바뀐다고 한다)이다. 이처럼 그 식의 두 개의 문자를 바꾸어도 변화하지 않는 식을 **대칭식**對稱式, symmetric function, 부호가 바뀌는 식을 **교대식**交代式, alternating expression이라고 한다.

두 개의 문자 α, β에 대해서 대칭식의 기본이 되는 것은 $\alpha + \beta$, $\alpha\beta$

의 두 개로 모든 대칭식은 이 두 개의 식을 사용해서 나타낼 수 있다. 그 의미에서 이 두 개의 대칭식을 **기본대칭식**이라고 한다.

여기까지가 준비이다.

지금, 교대식 $\alpha - \beta$의 제곱 $(\alpha - \beta)^2$을 만들면 이것은 물론 대칭식이 된다(마이너스 × 마이너스＝플러스가 되는 것에 주의하자!). 즉, 이 식은 기본대칭식을 사용하는 것이 가능하다. 실제로

$$(\alpha - \beta)^2 = (\alpha + \beta)^2 - 4\alpha\beta$$

가 된다. 그렇지만 식의 우변에 근과 계수의 관계를 사용해서 원래 이차방정식의 계수를 나타내는 것이 가능하고

$$(\alpha - \beta)^2 = \left(-\frac{b}{a}\right)^2 - 4\frac{c}{a}$$
$$= \frac{b^2 - 4ac}{a^2}$$

이 된다. 따라서 ＋를 취하면

$$(\alpha - \beta) = \frac{\sqrt{b^2 - 4ac}}{a}$$

를 얻을 수 있다.

이것으로 우리는 최초의 목표를 달성할 수 있었다. 결국 이차방정식

$$ax^2+bx+c=0$$

을 연립방정식

$$\begin{cases} \alpha+\beta=-\dfrac{b}{a} \\[2mm] \alpha-\beta=\dfrac{\sqrt{b^2-4ac}}{a} \end{cases}$$

로 나타낼 수 있다. 이 연립방정식의 해를 풀면

$$\alpha=\frac{-b+\sqrt{b^2-4ac}}{2a}$$

$$\beta=\frac{-b-\sqrt{b^2-4ac}}{2a}$$

가 되어 확실하게 같은 이차방정식 근의 공식을 얻을 수 있다.

이처럼 방정식을 푼다는 것은 그 방정식의 해를 계수의 식으로 나타내는 것이 된다. 하지만 그때 해로 나타내는 식이 어떤 성질(대칭식인가 교대식인가 등등)을 갖고 있는가가 중요하다. 그것은 좀 더 나중에 조사를 해 보자.

그렇다면 삼차 이상의 방정식은 어떻게 될까?

역사적으로 보면 이차방정식은 이미 앞에서 이야기한 대로 고대 바빌로니아 시대에 이미 풀렸다. 그렇지만 삼차 이상의 방정식이 되면 갑자기 어려워진다. 페르시아의 시인이자 수학자인 오마르 하이얌(이 사람은 『루바이야트』라는 시집으로 문학사에 이름을 남겼다)은 삼차방정식의 해법을 생각한 수학자 중 한 사람이었다(이 시인과 수학자는 동명이인이라는 설도 있다).

삼차방정식을 제대로 푼 사람은 이탈리아의 16세기 수학자 니콜로 폰타나(타르타글리아라고 알려짐)인데, 그러나 이 삼차방정식의 해의 공식은 여러 사정으로 현재는 '**카르다노-타르타글리아의 공식** Cardano-Tartaglia's formula'이라고 불린다. 카르다노는 파란만장한 생애를 보낸 수학자로 의사인 동시에 연금술사, 마술사이기도 했다. 그러므로 그를 수학자가 아니라 수학사(數學師)라고 하는 것이 나을지도 모르겠다. 이 당시는 수학사가 가장 흥미진진했던 시대로

오마르 하이얌
(1048~1142)
페르시아의
시인, 수학자

타르타글리아
(1499~1557)
이탈리아의
수학자

카르다노
(1501~1576)
이탈리아의
수학자, 의사

삼차방정식의 해의 공식을 둘러싼 이야기는 정말 파란만장해서 손에 땀을 쥘 정도이다. 자세한 것은 전문 수학사 책에 양보를 하고 이 책에서는 카르다노 – 타르타글리아의 공식만을 소개하기로 하자.

삼차방정식과 카르다노 – 타르타글리아의 공식

삼차방정식에서 x^3의 계수는 0이 아니기 때문에 삼차방정식을 간단하게

$$x^3 + bx^2 + cx + d = 0$$

으로 하자.

$x = y - \dfrac{b}{3}$ 라고 하고 원래의 방정식에 대입하면 y^2의 항을 소거할 수 있다. 따라서 삼차방정식은 처음부터

$$x^3 + px + q = 0$$

의 형태를 하고 있다고 생각해도 일반성을 잃지 않는다.

이 방정식을 풀기 위해서 $x = u + v$로 방정식에 대입하면

$$(u+v)^3 + p(u+v) + q = 0$$

이 되지만 이것을 전개해서 정리하면

$$u^3+v^3+(u+v)(3uv+p)+q=0$$

이 된다.

그런데 여기서부터 생각을 해야 한다. 이 해법을 바라보고 있으면 좀 이상한 느낌이 든다. 지금까지 미지수는 x뿐이었는데 여기에서는 u, v까지 두 개가 더 늘어난다. 지극히 상식적으로 생각하면 미지수가 늘어나면 늘어날수록 방정식은 어려워질 것이다.

여기에서는 이차방정식의 근의 공식을 이끌어 냈을 때 이차방정식을 연립방정식으로 환원해서 푼 해법을 생각해 보자. 미지수를 늘려도 그들 사이의 끈끈한 연관 관계를 발견하는 것이 가능하다면 연립방정식으로 푸는 것이 가능하다. 이런 생각들은 좀 역설적이지만 수학적 사고방법의 하나이다.

그렇다면 지금 u, v의 끈끈한 관계를 발견하는 것이 가능할까?

여기에서는 이차방정식의 해에 대한 고찰이 도움이 된다. 지금 u, v를 $3uv+p=0$이 되도록 고른다고 해 보자. 그러면

$$\begin{cases} u^3+v^3+q=0 \\ 3uv+p=0 \end{cases}$$

이라고 하는 연립방정식(연립 삼차방정식)을 얻을 수 있다. 이 식을 보기 쉬운 형태로 정리하면 다음과 같이 된다.

$$\begin{cases} u^3 + v^3 = -q \\ uv = -\dfrac{p}{3} \end{cases}$$

두 번째 식에 세제곱을 하면

$$\begin{cases} u^3 + v^3 = -q \\ u^3 v^3 = -\left(\dfrac{p}{3}\right)^3 \end{cases}$$

이 된다. 이때 이차방정식의 근과 계수의 관계를 생각해 보자. 이것은 u^3, v^3이 이차방정식

$$t^2 + qt - \left(\dfrac{p}{3}\right)^3 = 0$$

의 해라는 것을 나타내고 있다. 그럼 u, v를 구해야 한다. 실제로 이 방정식을 풀면

$$u^3 = \frac{-q + \sqrt{q^2 - 4\left(\dfrac{p}{3}\right)^3}}{2}$$

$$u^3 = \frac{-q - \sqrt{q^2 - 4\left(\dfrac{p}{3}\right)^3}}{2}$$

이 되는데 좀 더 자세하고 깔끔하게 정리하면

$$u^3 = -\frac{q}{2} + \sqrt{\left(\frac{q}{2}\right)^2 + \left(\frac{p}{3}\right)^3}$$

$$u^3 = -\frac{q}{2} - \sqrt{\left(\frac{q}{2}\right)^2 + \left(\frac{p}{3}\right)^3}$$

이 된다. 양변에 세제곱근을 취하면

$$u = \sqrt[3]{-\frac{q}{2} + \sqrt{\left(\frac{q}{2}\right)^2 + \left(\frac{p}{3}\right)^3}}$$

$$u = \sqrt[3]{-\frac{q}{2} - \sqrt{\left(\frac{q}{2}\right)^2 + \left(\frac{p}{3}\right)^3}}$$

가 된다.

따라서 삼차방정식 $x^3 + px + q = 0$의 해는

$$x = \sqrt[3]{-\frac{q}{2} + \sqrt{\left(\frac{q}{2}\right)^2 + \left(\frac{p}{3}\right)^3}} + \sqrt[3]{-\frac{q}{2} - \sqrt{\left(\frac{q}{2}\right)^2 + \left(\frac{p}{3}\right)^3}}$$

이 된다.

그런데 조금 이상하지 않은가? 삼차방정식인데 해가 하나밖에 없다.

실은 1의 세제곱근은 실수의 범위에서는 1밖에 없지만 방정식은

$$x^3 = 1$$

이므로 이것을 제대로 쓰면

$$x^3 - 1 = 0$$

$$(x-1)(x^2 + x + 1) = 0$$

이 되어 $x-1=0$, $x^2+x+1=0$을 얻을 수 있다. 처음 식에서 $x=1$을, 두 번째 식에서는

$$x = \frac{-1 \pm \sqrt{-3}}{2} = \frac{-1 \pm \sqrt{3}\,i}{2}$$

라고 하는 복소수의 세제곱근을 얻을 수 있다. 이 해의 하나를

$$\omega = \frac{-1 + \sqrt{3}\,i}{2}$$

로 표시한다. 그러면 또 하나의 해는

$$\omega^2 = \frac{-1 - \sqrt{3}\,i}{2}$$

가 된다. 따라서 1과 복소수를 포함해서 세 개의 세제곱근 1, ω, ω^2를 갖게 된다.

이것을 고려하면 일반적으로 a의 세제곱근은 $\sqrt[3]{a}$, $\sqrt[3]{a\omega}$, $\sqrt[3]{a\omega^2}$의 세 개가 있고 앞의 삼차방정식의 해는 $3uv = -p$라는 것을 고려하면

$$x=\sqrt[3]{-\frac{q}{2}+\sqrt{\left(\frac{q}{2}\right)^2+\left(\frac{p}{3}\right)^3}}+\sqrt[3]{-\frac{q}{2}-\sqrt{\left(\frac{q}{2}\right)^2+\left(\frac{p}{3}\right)^3}}$$

$$x=\sqrt[3]{-\frac{q}{2}+\sqrt{\left(\frac{q}{2}\right)^2+\left(\frac{p}{3}\right)^3}}\,\omega+\sqrt[3]{-\frac{q}{2}-\sqrt{\left(\frac{q}{2}\right)^2+\left(\frac{p}{3}\right)^3}}\,\omega^2$$

$$x=\sqrt[3]{-\frac{q}{2}+\sqrt{\left(\frac{q}{2}\right)^2+\left(\frac{p}{3}\right)^3}}\,\omega^2+\sqrt[3]{-\frac{q}{2}-\sqrt{\left(\frac{q}{2}\right)^2+\left(\frac{p}{3}\right)^3}}\,\omega$$

세 개가 있다.

이렇게 카르다노 – 타르타글리아의 공식을 현대적인 관점에서 해설했다.

그런데 앞에서 이차방정식을 풀었을 때 연립방정식으로 변형해서 푸는 해법도 소개했다. 삼차방정식도 연립방정식으로 바꿔서 풀 수 있을까?

또 하나의 시점

삼차방정식

$$x^3+px+q=0$$

의 세 가지 해를 α, β, γ라고 하면 이 방정식은

문자와 방정식

$$(x-\alpha)(x-\beta)(x-\gamma)=0$$

으로 인수분해된다. 이 식으로부터 근과 계수의 관계

$$\alpha+\beta+\gamma=0,\ \alpha\beta+\beta\gamma+\gamma\alpha=p,\ \alpha\beta\gamma=-q$$

를 얻을 수 있다.

처음 일차식의 $\alpha+\beta+\gamma=0$을 사용함으로써 나중의 두 개를 얻을 수 있지 않을까? 이차방정식은 근과 계수의 관계에서 $\alpha+\beta$의 값을 알았을 때 또 하나의 식으로 $\alpha-\beta$를 사용했다. 어떻게 이끌어 낼 수 있을까? 이것은 아주 어려운 질문인데 사실 -1이 1이외의 제곱근이라는 것은 본질적인 것이다. 결국 이 식은 $\alpha+(-1)\beta$이다.

따라서 이 식을 흉내내(흉내를 낸다고 하는 것은 수학에서 정말 중요한 개념이다. 수학적인 경험의 중요성이 강조되는 이유다) 1 이외의 1의 세 제곱근 $\omega,\ \omega^2$를 사용해서

$$\alpha+\omega\beta+\omega^2\gamma,\ \alpha+\omega^2\beta+\omega\gamma$$

를 만든다.

만일 이 식이 삼차방정식의 계수를 사용해서

$$\alpha+\omega\beta+\omega^2\gamma=A,\ \alpha+\omega^2\beta+\omega\gamma=B$$

풀지 않고 읽는 수학

로 나타낸다면 처음 식과 합쳐진 연립방정식

$$\begin{cases} \alpha+\beta+\gamma=0 \\ \alpha+\omega\beta+\omega^2\gamma=A \\ \alpha+\omega^2\beta+\omega\gamma=B \end{cases}$$

를 얻을 수 있다.

이 연립방정식은 ω가 1의 세제곱근이고 $\omega^2+\omega+1=0$을 충족시키는 것을 사용하면 아주 쉽게 풀 수가 있다. 전부 더해서

$$3\alpha=A+B$$

이다. 따라서

$$a=\frac{A}{3}+\frac{B}{3}$$

이고 또 처음 식의 ω^2의 두 번째 식에 ω를 곱해서 더하면

$$3\omega^2\beta=\omega A+B$$

이다. 따라서 양변에 ω를 곱해서 3으로 나누면

$$\beta=\frac{\omega^2 A}{3}+\frac{\omega B}{3}$$

이고 마찬가지로 하면

$$\gamma = \frac{\omega A}{3} + \frac{\omega^2 B}{3}$$

가 된다.

이 A, B는 실제로 삼차방정식의 계수로 나타낼 수가 있다고 알려져 있다.

여기에서 나온

$$\alpha + \omega\beta + \omega^2\gamma, \ \alpha + \omega^2\beta + \omega\gamma$$

라고 하는 이상한 식은 도대체 어떤 식일까? 그것은 이 장의 마지막에서 설명한다.

한편, 삼차방정식까지 해결되면 수학자의 관심은 사차방정식으로 옮겨간다. 사차방정식은 어떻게 하면 풀 수 있을까? 이 문제를 해결한 것이 카르다노의 제자였던 페라리이다.

이 천재 청년은 사차방정식의 해법을 발견했다. 물론 그것을 공식으로 나타내는 것은 가능하지만 너무 복잡한 식이므로 공식은 여기에서 쓰지 않겠다. 해법만 소개한다.

이번에도 사차방정식을

$$x^4+bx^3+cx^2+dx+e=0$$

이라고 하자. 삼차방정식의 경우와 마찬가지로

$$x=y-\frac{b}{4}$$

라고 하고 원래의 방정식에 대입하면 y^3의 항을 소거하는 것이 가능하고 결국 사차방정식은

$$x^4+px^2+qx+r=0$$

의 형태가 된다. 이것을

$$x^4=-px^2-qx-r$$

로 둔다.

여기에서 생각할 점이 있다. 사실은 삼차방정식에 비해서 사차방정식 쪽이 좀 더 생각하기 쉬운 측면이 있다. 그것은 이차방정식 해법의

경험을 잘 사용할 수 있기 때문이다.

　이 식의 양변에 이차식 $2tx^2+t^2$을 더해서 양변을 완전제곱식이 되도록 한다. 좌변은

$$x^4+2tx^2+t^2=(x^2+t)^2$$

이므로 문제가 없다. 우변은

$$-px^2-qx-r+2tx^2+t^2=(2t-p)x^2-qx+t^2-r$$

이지만 이것이 완전제곱식이 되기 위해서는 판별식이 0이 되면 되기 때문에

$$q^2-4(2t-p)(t^2-r)=0$$

이 되도록 t를 고르면 된다. 다시 이 식을 정리하면

$$8t^3-4pt^2-8rt+4pr-q^2=0$$

이 되어 t의 삼차방정식이 된다. 이것을 카르다노-타르타글리아의 공식을 사용해서 풀고 그 해를 $t=\alpha$라고 하면 우변은

$$(2t-p)x^2-qx+t^2-r=\left(x-\frac{q}{2(2a-p)}\right)^2$$

으로 인수분해되어 결국 원래의 사차방정식은

$$(x^2+a)^2=\left(x-\frac{q}{2(2a-p)}\right)^2$$

이 된다. 따라서 사차방정식은 두 개의 이차방정식

$$x^2+a=\pm\left(x-\frac{q}{2(2a-p)}\right)$$

를 푸는 것으로 환원되게 된다.

이렇게 해서 사차까지의 방정식은 18세기 말까지 그 해를 푸는 방법이 발견되어 수학자의 다음 목표는 오차방정식이 되었다.

그러나 오차방정식은 정말 강한 상대였다. 많은 수학자들이 오차방정식의 해법에 도전했지만 유감스럽게도 그 해법은 없는 것으로 판명되었다. 그러던 가운데 하나의 반성이 일어났다. 그것은 다음에 생각하기로 하자.

방정식은, 앞에서 설명한 것처럼, x가 어떤 특정 값에 대해서 성립하는 등식이며 그 수치(방정식의 해)를 구하는 것이 '방정식을 푸는 것'이다. 여기에는 크게 두 가지 문제가 내재되어 있다.

1. 어떤 방정식에나 해가 있는 것일까? 해가 없는 방정식이 있는 것은 아닐까?
2. 모든 방정식에 해가 있다고 해도 그 해를 구할 수 있을까?

이 문제 설정은 보통 사람에게는 조금 이상하게 생각될지 모른다. 해가 있다면 구하는 것이 당연하고 해가 있다는 것은 구할 수 있다는 것이 아닐까? 그런 식의 의문들이다. 이것은 수학이라는 학문의 특징 가운데 하나이기 때문에 조금 자세하게 설명한다.

수학의 정리 중에 존재정리라는 것이 있다. "조건을 충족시키는 무엇무엇이 있다."라는 형태의 정리이다. 조건을 충족시키는 것이 있다는 것을 가장 빨리 알리는 방법은 그것을 실제로 만들어 보이는 것이다. 예를 들어 "일차방정식 $ax+b=0$이 되는 해가 있는가?" 하고 물으면 "있습니다. 그것은 $x=-\dfrac{b}{a}$입니다."라고 말하면 된다. 이것이 정말 해가 되는지 되지 않는지는 대입해서 계산을 해 보면 알 수 있다. 마찬가지로 이차, 삼차, 사차의 방정식에 대해서도 그 수단은 점점 복잡하고 어려워지지만 원리적으로는 일차방정식과 다르지 않다. 결국 구체적인 방정식의 답을 그 방정식의 계수를 사용해서 나타낼 수 있다. 그러나 수학적으로 존재하는 것은 확실하지만 그것을 구하는 방법은 알 수 없는 경우가 있다. 구체적인 예를 들어 보자.

1. **최댓값최솟값의 정리**

   $a \leq x \leq b$에서 연속함수 $y = f(x)$는 반드시 최댓값과 최솟값을 가진다.

2. **중간값의 정리**

   $a \leq x \leq b$에서 연속함수 $y = f(x)$가 $f(a) < 0$, $f(b) > 0$이라면 $f(c) = 0$이 되는 c가 a와 b 사이에 반드시 있다.

3. **원시함수의 존재정리**

   $a \leq x \leq b$에서 연속함수 $y = f(x)$는 이 $F'(x) = f(x)$인 원시함수 $F(x)$를 가진다.

4. **부동점정리**

   $f(x) : I \to I$가 폐구간 $I = \{x : a \leq x \leq b\}$에서 자기 자신으로의 연속함수의 경우 $f(x) = x$가 존재한다.

양쪽 모두 조건을 충족시키는 무엇인가가 있다는 것을 주장하고 있지만 최댓값최솟값정리에서는 최댓값의 존재는 말을 했어도 구체적으로 x의 어디에서 함수가 최댓값을 갖는지는 알 수 없다. 중간값의 정리에서도 마찬가지로 $f(x) = 0$의 해 c가, a와 b의 사이에 있다고는 말할 수 있지만 그 c가 구체적으로 몇 개가 있는지는 알 수 없다. 부동점정리도 마찬가지이다. 어떤 원시함수의 존재정리에서는 원시함수가 존재하는 것을 알 수 있지만 그 함수를 구하는 것은 대개의 경우 불가능하다.

또 하나 원주율 π와 e가 대수방정식의 해가 되지 않는 초월수라는 점은 제1장에서 소개했다. 따라서 이야기를 했듯이 실수는 대부분이 초월수이지만 어느 것이 초월수인지 구체적으로 지적하는 것은 불가능하다. 이것도 **집합론**이라는 수학을 사용한 궁극의 존재증명에 지나지 않는다.

이처럼 "존재하는 것은 알지만 그것을 구하는 것은 알 수 없다."는 식의 정리는 수학에 여러 개가 있다. 이것은 수학이라는 학문의 일면을 잘 나타내고 있다. 수학은 현실에 있는 양을 다루는 자연과학으로 출발했다. 양의 과학으로서 수학의 중요성은 말할 나위도 없다. 그러나 수학은 그 발전 과정에서 양의 문제만이 아니라 질의 문제도 생기게 되었다.

방정식을 구체적으로 푸는 것뿐만 아니라 방정식을 푸는 것이 어떤 것인지를 다루게 되었다는 이야기이다.

존재정리 가운데 가장 중요한 것은 다음의 정리이다.

> **정리** 대수학의 기본정리 代數學 基本定理, fundamental theorem of algebra
>
> 복소수를 계수로 하는 임의의 대수방정식
>
> $$a_n x^n + a_{n-1} x^{n-1} + \cdots\cdots + a_1 x + a_0 = 0$$
>
> 은 복소수의 해를 가진다.

　이 정리를 **대수학의 기본정리**
라고 한다. 최초로 증명한 사람
은 프랑스 수학자 달랑베르이지
만 유감스럽게도 증명이 불완전
했다. 그 후에 완전하게 증명한
사람이 있었는데 바로 독일의 수
학자 가우스로 22세가 되던 해
인 1799년에 증명했다. 이것은
가우스의 학위논문으로 유명했
지만 현재의 눈으로 보면 최초의

달랑베르
(1717~1783)
프랑스의 수학자

가우스
(1777~1855)
독일의 수학자

증명에는 불완전한 것이 있었다고 한다. 그 때문인지 가우스는 이 정리
의 증명을 일생에 걸쳐서 몇 개나 생각했다고 한다.

　이 정리의 의미를 생각하기 위해서 수의 이야기를 다시 한 번 되돌
아 보자.

　사람이 자연수밖에 모를 때, 방정식 $2x=3$의 해는 구할 수 없었다.
이 방정식의 해 $\frac{2}{3}$는 자연수가 아니었기 때문이다. 계수는 모두 자연
수였다.

　마찬가지로 양수밖에 모르는 사람은 양수를 계수로 하는 방정식
$\frac{2}{3}x+4=0$을 풀 수가 없다. 이렇게 수는 방정식이 해를 가지는가 아
닌가 하는 시점 아래에서 확장되어 왔다.

　음양의 유리수 범위에서는 유리수를 계수로 하는 일차방정식을 모
두 풀 수 있게 되었다.

그렇지만 유리수의 범위 내에서 유리수를 계수로 하는 이차방정식 $x^2-2=0$을 풀 수는 없었다. 이 방정식을 풀려면 무리수가 있어야 했다. 이 방정식의 해 $\pm\sqrt{2}$가 분수로 나타낼 수 없는 무리수라는 증명은 고등수학에서 배운다. 이렇게 해서 유리수에 무리수를 더한 실수가 발견되었다.

그러나 실수까지 수를 확장해도 방정식의 해는 완전하지 않았다. 실수를 계수로 하는 가장 간단한 이차방정식 $x^2+1=0$조차도 실수의 범위에서는 해를 갖지 못한다. 그래서 허수와 복소수가 발견되었다. 이처럼 방정식이 해를 갖는가 갖지 않는가 하는 문제는 수의 확대에 큰 동기가 되었다. 그러므로 수가 복소수까지 확장되었을 때 복소수 계수의 방정식이 복소수의 범위에서 반드시 해를 가지는가 아닌가는 정말 큰 문제였다. 만일 이 범위에서 해가 없다고 한다면 수는 또 한 단계 확장될 필요가 있음에 틀림없다. 그러나 그렇지 않았다. 수의 확장은 적어도 방정식의 해라고 하는 관점에서 보면 복소수에 이르러서는 일단락되었다. 이것을

복소수는 대수적으로 닫혀 있다. 혹은 대수적 페체(algebraically closed field)이다.

라고 한다. 이것이 대수학의 기본정리가 가진 의미이다.

그렇지만 대수학과 해석학을 나누는 큰 차이의 하나는 대수학이 사칙연산과 거듭제곱근을 연구대상으로 하는 것에 비해서 해석학은 극한

을 취하는 조작을 허용한다. 좀 더 자세하게 살펴보면 대수학에서는 '연속'을 문제 삼지 않지만 해석학에서는 '연속'을 문제로 한다는 것이다. 이 점에서 '대수학의 기본정리'는 이상한 정리이다. 이 정리의 증명에는 보통 연속의 개념이 빠지지 않는다. 함수

$$y=f(x)=a_nx^n+a_{n-1}x^{n-1}+\cdots\cdots+a_1x+a_0$$

가 연속이라는 것이 대수학의 기본정리에서는 중요하다. 그 의미에서 이 기본정리는 대수학과 해석학, 혹은 상위의 개념의 접점이 있는 정리라고 해도 좋을 것이다. 이 책에서는 이 정리의 자세한 증명은 생략한다. 다만 어떤 식으로 증명이 되는지 스케치를 소개해 본다.

대수학 기본정리의 증명 스케치

이 정리의 증명은 많이 있다. 가우스가 한 최초의 증명부터 시작해서 함수론을 사용하는 증명, 위상기하학의 개념을 사용하는 증명 등이 있다. 여기에서는 가능한 어려운 개념을 사용하지 않는 증명을 소개한다.

존재정리의 증명은 존재하는 것을 구체적으로 구성하지 않고 그것이 있는 그대로를 나타낸다. 그러므로 증명의 수단은 본질적으로 귀류법이 된다. 구하는 것이 '존재하지 않는다'라고 가정해서 모순을 찾아내는 방법이다.

처음에 좀 더 일반적인 연속함수(連續函數, 정의구역의 모든 점에서 연속인 함수)의 성질을 준비하였다.

1. 평면상의 반지름이 r인 원 $C_r=\{(x, y)\,|\,x^2+y^2\leq r^2\}$ 중에서 연속인 실계수 함수 $y=f(p)$, $p\in C_r$은 최댓값과 최솟값을 가진다.

이 정리는

폐구간상에서 연속인 함수는 최댓값과 최솟값을 가진다.

라는 유명한 **최댓값최솟값정리**가 이차원 공간의 콤팩트 집합(compact set, 위상공간의 모든 열린 덮개가 유한 부분 덮개를 가지는 집합)상의 연속함수에 대하여도 성립한다는 것이다. 여기에서도 함수가 연속이라는 것이 본질이다.

2. 복소수를 계수로 하는 n차식

$$y=f(x)=a_n x^n+a_{n-1} x^{n-1}+\cdots\cdots+a_1 x+a_0$$

에 대해서 복소수로서의 절댓값 $|f(x)|$는 최솟값을 가진다.

왜냐하면 $|f(x)|$는 $|x|\to\infty$가 되면 $|f(x)|\to\infty$가 되기 때문에 최솟값이 있는가 없는가는 어떤 원 C_r 속에서 생각하면 충분하다(이 원

의 바깥쪽에서 $|f(x)|$는 일정의 값보다 커진다). 이때 이 원 안에서는 1에 의해서 $|f(x)|$는 최솟값을 취한다. 따라서 $|f(x)|$는 전체에서 최솟값을 취한다.

3. 여기부터가 정리법이다.

지금 $f(x)=0$이 되는 x가 없다고 하자. 그러므로 $|f(x)|>0$이다. $|f(x)|$의 최솟값을 $|f(x_0)|$라고 하면 당연히 $k=|f(x_0)|\neq0$이다. 전체를 k로 나눈다면 함수 $y=f(x)$는 $x=x_0$로 최솟값 1을 가지게 된다. 예를 들어 $x_0=0$이라면 $f(0)=1$이고 이것이 $|f(x)|$의 최솟값이다. x_0를 원점으로 평행이동을 하면 항상 이렇게 된다고 생각해도 된다. 그렇지만 $f(x)$의 연속성에 따라서 $|f(x)|$는 0 가까이에서 1보다 작은 값을 갖는 것이 가능하고 $f(0)=1$이 최솟값이라는 것에 어긋나게 된다.

이 계산은 그 정도로 어려운 것이 아니지만 이 책에서는 생략한다.

그럼 이 대수학의 기본정리에 따라서 방정식이 해를 가진다는 것을 알게 되었다. 그러나 이 정리가 '방정식'을 풀 수 있다는 것을 보증하는 것이 아니라는 것은 이미 존재정리에서 설명한 대로이다. 대수학의 기본정리에서 방정식의 해가 존재하는 것은 알았지만 그 해가 구체적으로 구할 수 있는 것인지는 다른 문제이다. 실제로 사차방정식까지는 다양한 기술을 구사해서 근의 공식을 이끌어 낼 수 있었다. 이 시점에서 이제 좀 더 정확하게 방정식과 방정식 풀이에 대해서 서술하려고 한다.

복소수를 계수로 하면

$$a_n x^n + a_{n-1} x^{n-1} + \cdots\cdots + a_1 x + a_0 = 0$$

을 n차의 **대수방정식**이라고 하고, 이 방정식의 해를 계수의 사칙계산이라고 할 만한 근을 사용해서 나타낸 식을 이 방정식의 근의 공식이라고 한다.

사차까지의 방정식은 모두 그런 식으로 되어 있다. 근의 공식을 구하는 것을 "방정식을 대수적으로 푼다."고 말한다.

그 말을 사용하면 사차까지의 대수방정식은 대수적으로 푸는 것이 가능하다는 이야기이다.

여기서 또 한 번 대수방정식에 답이 있다는 것과 그 답을 대수적으로 풀 수 있다는 것의 차이를 확인해 보길 바란다.

그럼 오차방정식을 대수적으로 푸는 것이 가능한지 아닌지의 문제를 한번 생각해 보자. 많은 수학자들이 이 문제에 도전했지만 근의 공식을 구한 수학자는 아무도 없었다. 그리고 결국 몇 명의 수학자는 "오차방정식 해의 공식은 구할 수 없다. 따라서 오차방정식은 대수적으로 푸는 것이 불가능한 것이 아닌가?"라고 생각하기 시작했다. 그러나 여기에서는 지금까지와는 전혀 다른 어려운 문제가 생긴다. "방정식을 대수적으로 풀 수 있다는 것은 어떤 의미일까?"라는 문제이다. 그 방정식이 대수적으로 풀린다면 아무리 어려워도 사람들은 그것을 발견했다. 그러나 대수적으로 풀 수 없다는 의미는 단지 기술적인 것만을 뜻하지 않는다. 기술을 뛰어넘어 방정식을 푼다고 하는 구조적인 분석이 아무래도 필요하다.

이 문제를 처음 해결한 사람은 노르웨이의 젊은 수학자 아벨이다. 그 후 천재 수학자 갈루아가 그 문제에 대한 결정적인 해법을 제시했다. 이 수학자는 21세의 짧은 생애를 결투로 마감했다. "신들이 너무 사랑하는 사람은 요절한다."는 말처럼 그의 짧은 생애에 대비되는 뛰어난 업적은 수학사에 새겨져 있다.

갈루아가 만들어 낸 이론은 오늘날 '갈루아 정리 Galois theory'라는 이름으로 발전을 이루었지만 유감스럽게도 이 책의 설명 범위를 넘기게 된다. 흥미가 있는 사람이라면 전문 수학서를 찾아보길 바란다. 다만 여기에서는 아벨과 갈루아가 생각한 것이 어떤 것인지 개략적으로 언급한다.

이차방정식의 해를 생각할 때, 두 개의 해를 대입해서 변화하지 않는 식과 변화하는 식을 생각했다. 대칭식 $\alpha + \beta$와 교대식 $\alpha - \beta$이다. 방정식의 해의 모습을 생각했을 때 해의 대입과 조작이 매우 중요한 역할을 한다. 이처럼 두 개에 한정되지 않고 몇 개의 해를 바꾸어 넣는 것을 해의 치환置換이라고 하고 n개 해의 치환 전체를 n차

아벨
(1802~1829)
노르웨이의
수학자

갈루아
(1811~1832)
프랑스의
수학자

치환군 혹은 ***n*차 대칭군**이라고 하고 S_n으로 표시한다. n차 방정식의 경우 해는 마침 n개가 있으니까 해의 치환에 따라서 나오는 군은 n차 대칭군이다.

n개의 것을 나열하는 방법(순열)은 전부 $n!$개의 요소를 갖고 있다.

어떤 치환 σ와 τ를 계속하게 되면 결과는 또 어떤 치환이 된다. 이것을 치환의 곱셈, 곱이라고 부른다.

군郡이란 것은 그중에 들어가는 요소의 곱셈이 가능하도록 하는 구조를 말한다. 치환군의 경우는 치환을 계속하는 것으로 곱셈을 생각할 수 있다. 이 치환군 S_n이 어떠한 성질을 가지는지에 따라서 n차 방정식이 대수적으로 풀 수 있는가 아닌가가 결정된다. 그 성질을 군의 **가해성**可解性이라고 한다. 이 말을 사용하면 S_2, S_3, S_4는 가해군이지만 S_5는 가해군이 되지 않고 그 결과 오차방정식은 대수적으로는 풀 수 없다.

가해성을 한마디로 설명할 수는 없다. 그렇지만 여기에서 좀 더 자세히 설명한다.

우리는 초등학교에서 **대칭**이라는 것을 배웠다. 초등학교와 중학교에서는 도형의 선대칭이나 점대칭을 배웠다. "도형이 선대칭이다."라는 의미는 무엇인가? 어떤 직선을 축으로 해서 도형을 접었을 때 잘린 두 도형이 합동이면 선대칭 도형이라고 한다. 예를 들어 이등변삼각형은 2등분선이 대칭선이다. 또 점대칭이란 어떤 점을 중심으로 180° 회전했을 때 본래의 도형과 완전히 겹치는 것을 말한다. 이처럼 대칭이란 '어떤 조작으로 변화하지 않는 성질'이다라는 표현이 가능하다. 예를 들어 정삼각형은 그 중심에 대해서 120° 회전해도 변화하지 않는다.

그러므로 정삼각형은 점대칭은 아니지만 120° 회전대칭이란 표현이 가능하다. 방정식의 해를 바꾸어 넣는 것도 조작이므로 그 조작으로 변화하지 않는 식이 있다면 그 식을 그 나열하는 것도 대칭이라고 해도 좋을 것이다. 방정식 해의 대칭식은 해를 어떤 식으로 바꾸어 넣어도 변화하지 않으니까 대칭식은 대칭군에 대해서 대칭이다. n차 방정식의 계수는 모든 해의 대칭식이 되기 때문에 방정식의 계수는 대칭군에 대해서 대칭성이 있다. 한편, 두 개의 해를 짝수 회 바꾸는 조작을 하는 것에 대해서 불변이란 식(式)도 있다. 예를 들어 삼차방정식 $x^3+px+q=0$의 세 가지 해 α, β, γ에 대해서

$$(\alpha-\beta)(\alpha-\gamma)(\beta-\gamma)$$

는 두 개의 해를 바꿔 넣는 조작을 짝수 번 해도 변화가 없다. 결국 이 식은 해를 짝수 회 바꿔 넣는 것에 대해서 대칭성을 갖게 된다.

이처럼 방정식의 해로 표시되는 식이 어떤 해를 바꿔 넣는다고 해도 불변이 되지만 결국 어떤 해를 바꿔 넣은 것에 대해서 대칭이 되는가가 군의 가해성의 기본이 된다.

그렇다면 삼차방정식의 또 하나의 해에서 나온

$$\alpha+\omega\beta+\omega^2\gamma,\ \alpha+\omega^2\beta+\omega\gamma$$

는 어떻게 될까?

$\alpha \longrightarrow \gamma,\ \beta \longrightarrow \alpha,\ \gamma \longrightarrow \beta$ 라는 해의 바꿔 넣기를 하면

$$f = \alpha + \omega\beta + \omega^2\gamma$$

는

$$\gamma + \omega\alpha + \omega^2\beta = \omega f$$

로 변화한다. $\omega^2 = 1$에 주의하자.

또 다시 한 번 바꿔넣기를 하면

$$\beta + \omega\gamma + \omega^2\alpha = \omega^2 f$$

가 된다. 다시 한 번 바꿔 넣기를 하면 원래의 식으로 되돌아 온다.

$$f = \alpha + \omega\beta + \omega^2\gamma$$

결국 f는 $\alpha \longrightarrow \gamma,\ \beta \longrightarrow \alpha,\ \gamma \longrightarrow \beta$ 라고 하는 해의 바꿔넣기를 세 번 반복하는 조작을 해도 변화하지 않고 이 조작에 대해서 대칭성을 갖는 것이다.

군이라고 하는 숫자 구조에 처음으로 주목한 사람이 갈루아였다. 이 처럼 군의 개념은 방정식의 해 전체가 있는 어떤 종류의 대칭성을 분석

풀지 않고 **읽는 수학**

하는 방법으로서 처음으로 수학에 도입되었다. 그러나 군이라는 구조 자체가 수학의 매우 흥미로운 연구대상이다. 예를 들어 치환군은 유한 개의 것을 나열해서 바꿔 보는 조작(치환)에서 가능한 군이지만 그 외 유한개의 것으로 할 수 있는 군이 있을까? 혹은 치환군이어도 일반적으로 두 개의 조작을 계속해서 행할 경우 그 순서를 바꾸는 것이 불가능하지만 순서를 바꾸는 것이 가능할 수 있는 군은 어떻게 될까 하는 의문이 생긴다. 이렇게 해서 군의 연구는 진행되었고 지금까지 군론은 현대수학 전체를 뒷받침하는 가장 중요한 개념이다.

이처럼 방정식 연구는 수의 발전과 함께 수학의 커다란 기둥이 되었다. 따라서 군론이라는 매우 중요한 수학이 탄생했고 군론 그 자체가 커다란 연구대상이 되었다.

수학의 이와 같은 분야를 대수학이라고 한다. 대수학은 가장 소박하게는 개념이나 관계를 문자로 나타내고 연구하는 수학이라 할 수 있고 그 시작은 중학생이 배우는 문자의 사용에 있다. 문자의 사용은 초등학교 수학과 중학교 수학을 나누는 분수령이 되고 있다.

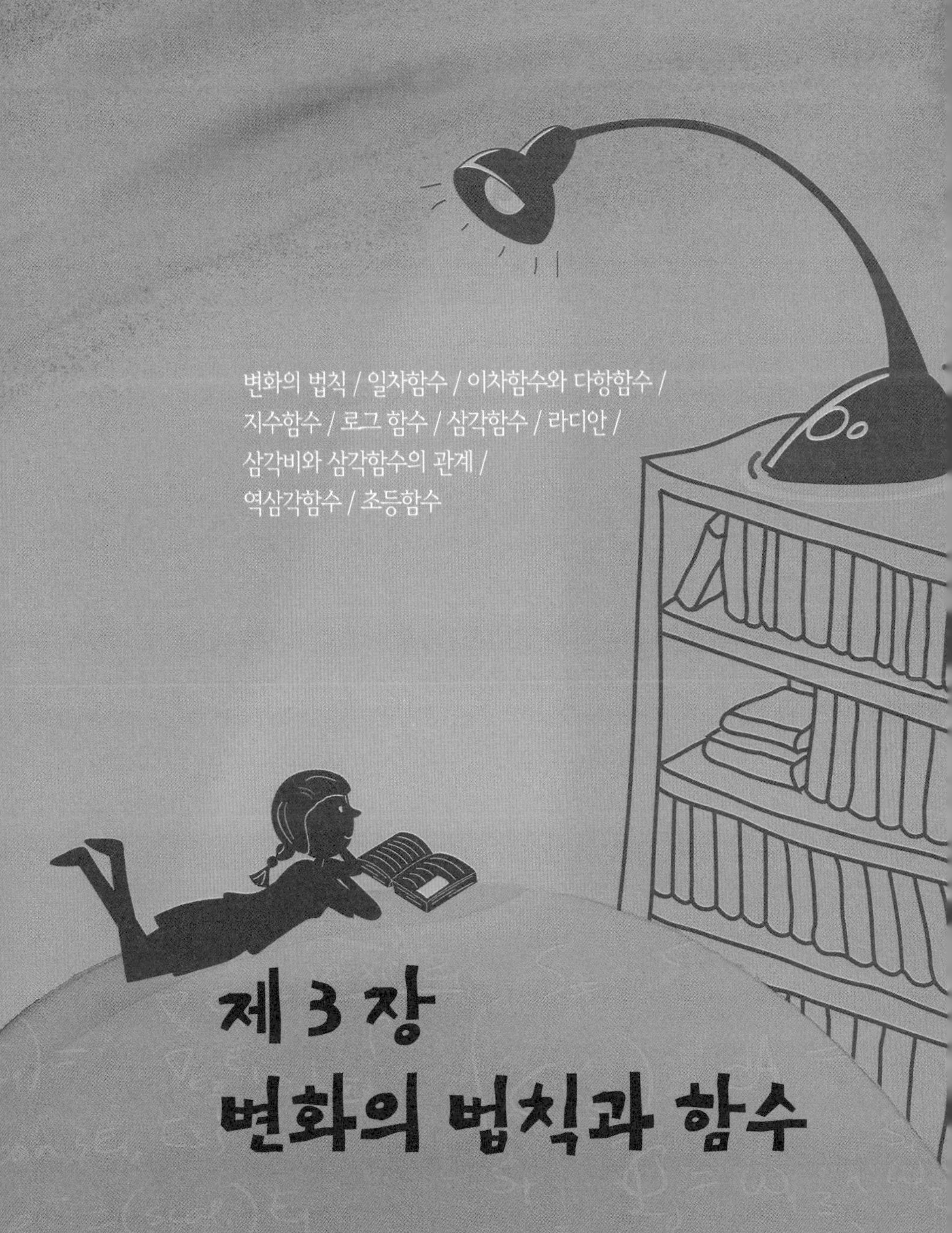

변화의 법칙 / 일차함수 / 이차함수와 다항함수 /
지수함수 / 로그 함수 / 삼각함수 / 라디안 /
삼각비와 삼각함수의 관계 /
역삼각함수 / 초등함수

제 3 장
변화의 법칙과 함수

제 **3** 장

변화의 법칙과 함수

우리 주변에는 서로 관계를 갖고 변화하는 양이 많다. 많은 자연현상은 시간의 흐름에 따라서 다양하게 변해간다. 비탈진 경사면을 굴러가는 물체의 속도와 이동 거리는 시간에 따라서 변화하며 끓는 물이 식어 가는 변화도 시간에 따라서 달라진다. 이러한 현상은 주변 상황이 일정하다면 언제나 똑같이 변화한다. 그 정도로 딱 들어맞는 것은 아니지만 기온과 벚꽃의 개화도 어떤 관계를 가지고 변화한다. 자동차의 가솔린 소비량과 이동거리도 대개 일정한 관계가 있다.

이처럼 서로 관계를 가지면서 변화하는 양을 수학적으로 분석하기 위해서 **함수**라는 개념이 생겨나게 되었다.

함수函數, function : 두 변수 x, y에 대하여 x의 값이 결정될 때 y의 값이 오직 하나로 결정되면 y는 x의 함수라고 하고,

$$y=f(x)$$

로 표현한다.

수학교육에서 함수는 종종 블랙박스에 비유된다. 블랙박스는 원래 공학 개념으로 안의 구조는 잘 알 수 없지만(그러니까 블랙박스이다) 어떤 입력 내용에 따라 일정한 규칙을 가지고 출력하는 구조라고 한다. 함수를 영어로는 function이라고 한다. 해석하면 '기능'이라고 할 수 있는데 함수를 블랙박스로 생각하는 것과 일맥상통한다고 볼 수 있다. $f(x)$의 f는 function의 머리글자에서 따온 것이다.

이 블랙박스라는 관점에서 많은 함수들을 주변에서 찾아볼 수 있다. 자동판매기는 돈이라는 입력을 상품이라는 출력으로 바꾸는 블랙박스라고도 생각할 수 있다. 생각해 보면 우리 주변에 있는 상품들 대부분이 블랙박스이다. 텔레비전은 전파라는 입력을 영상이라는 출력으로 바꾸는 블랙박스이다. 우리들은 텔레비전의 구조를 정확하게 알지 못해도(그러니까 블랙박스이다) 텔레비전을 보고 즐길 수는 있다.

함수의 블랙박스 개념을 수학적으로 다루려면 좀 더 내용을 정리해 둘 필요가 있다.

여기에는 몇 가지 알아두어야 할 포인트가 있다.

1. 수학적인 함수는 제대로 된 규칙이 있으며 재현성이 있다.

예를 들어 하루의 기온은 시간에 따라서 변화하기 때문에 기온은 시간의 함수라고 말하는 것도 가능하다. 그러나 특정한 하루 기온의 변화는 재현성을 갖지 않기 때문에 이것은 수학적인 함수의 정말 좋은 예는 아니다. 재현성이란 같은 입력에 대해서 항상 같은 출력이 나타나는 것을 말한다.

2. 수학적인 블랙박스는 본래 그 기능을 제대로 사용할 수 있는 형태로 표현하는 것이 가능하다.

예를 들어 중학교에서 배운 일차함수와 이차함수 등은 다항식으로 표현되는 함수

$$y = f(x) = a_n x^n + a_{n-1} x^{n-1} + \cdots\cdots + a_1 x + a_0$$

는 입력 x를 출력 y로 바꿀 수 있지만 그 구조는 다항식으로 제대로 된 수식으로 표현되고 있다. 그 의미에서 이 함수는 블랙박스가 아니고 화이트박스라고 할 수 있을지 모른다.

의원내각제가 발달한 서구에서는 "선거제도와 정당제는 수학적으로 함수관계에 있다."라고 말한다. 선거제도를 결정하면 그것에 따라서 정당제가 결정된다는 의미일 것이다. 그러나 이 말은 수학적으로 엄밀한

변화의 법칙과 함수

의미에서 함수라고 할 수 없다. 왜냐하면 선거라는 제도에서는 항상 똑같은 정당제가 되는 것이 아니기 때문이다. 그렇지만 감각이나 정서로는 잘 알 수 있다. 함수라고 하는 말은 일상생활에서는 이렇게 사용된다.

우리는 이런 함수를 수학으로 취급해 왔다. 그때 우리의 가장 중요한 목표는 블랙박스로 주어진 함수 조직의 구조를 해명하는 것이다. 그러나 해명을 하려면 미적분이라는 수학이 필요하다. 그것은 다음 장에서 생각하기로 하고 여기에서는 간단한 수식으로 표현되는 함수부터 생각해 보자.

일차함수

초등학교에서는 정비례를 배웠다. 이것은 함께 변화하는 가장 간단한 함수이지만 그 속에는 함수의 가장 중요한 개념들이 정확하게 표현되어 있다. 맨 먼저 초등학교에서는 정비례를 어떤 식으로 배우는지 복습 해 보자.

정비례 : 함께 변화하는 두 양 또는 수에서, 한쪽이 두 배, 세 배, ……로 되면, 다른 한쪽도 두 배, 세 배, ……로 될 때, 이 두 양은 비례 또는 정비례한다고 한다.

예를 들어서 물건의 개수와 가격, 일정한 빠르기로 달리는 전철의 시간과 거리, 정사각형 한 변의 길이와 둘레의 길이, 두께가 일정한 바늘의 길이와 무게 등은 정비례의 예이다. 정비례는 다음과 같은 표로 나타낼 수가 있다.

두 개의 양을 x, y라고 하고 다음과 같은 관계가 있다고 하자.

x	1	2	3	4
y	3	6	9	12

이 표에서 x가 두 배, 세 배가 되면 따라서 y도 두 배, 세 배가 된다는 것을 알 수 있다. 이것을 대응표라고 한다. 대응표는 변화의 법칙을 나타내는 표로 볼 수 있지만 이 표는 어떤 입력 x에 어떤 식으로 출력 y가 대응하고 있는가를 나타내는 것으로 볼 수도 있다. 변화의 법칙을 나타내는 표는 가로로 보는 것이고 대응표는 세로로 본 것으로 대응관계는 x를 세 배해서 y의 값을 얻을 수 있다는 의미이다. 이것을 $y=3x$라고 표현한다. 마찬가지로

$$\frac{y}{x}=3$$

이라고 써 보면 "정비례라는 것은 대응하는 x, y의 값의 비가 일정하게 되는 관계이다."라는 것을 알 수 있다.

여기에서 함수에 중요한 두 가지 사항이 나온다.

하나는 "함수란 변화의 법칙을 생각하는 것이다."로 지금처럼 x가

두 배, 세 배가 되면 y의 값도 두 배, 세 배가 되는 것이다. 또 하나는 "변화의 법칙을 생각했을 때 그 변화 중에서 변하지 않는 성질은 어떤 것일까?" 하는 것이다. 이 질문의 답을 생각해 보자. 지금의 경우, 대응하는 두 양의 비는 항상 일정하다.

변화의 법칙을 생각할 때 반대로 이 변화 중에서 변하지 않고 보전되는 것은 무엇일까? 이러한 생각이 정말 중요하다. 명탐정 셜록 홈스는 추리하면서 사건 가운데 변하지 않는 것은 무엇일까를 생각하며 어려운 사건의 진상을 파헤쳤다. 이 생각을 더욱 발전시켜서 수학에서는 **불변량**不變量이라는 아이디어를 생각해 냈다. 예를 들어 도형을 나누고 위치를 바꾸면 도형의 형태는 바뀐다. 그러나 어떻게 바꾸어도 면적은 변하지 않는다. 이 경우는 도형의 면적을 나누고 나열한다고 해도 면적은 변하지 않는다. 이 경우 도형을 나누고 다시 나열한다고 하는 변화 (조작) 가운데 면적만은 불변량이 된다. 또는 도형이 부드러운 고무로 되어 있다고 생각할 때 꾸불꾸불하게 변화시키면 도형은 그 형태도 면적도 변하지만 변하지 않는 성질이 있다. 그것은 도형의 연결이라고 하는 주제인데 그 개념은 뒤에 **위상기하학**位相幾何學, topology이라는 수학으로 발전했다.

그럼, 다시 한 번 정비례로 돌아가자. 정비례의 대응표를 보면 정비례란 x, y의 사이에

$$\frac{y}{x} = 3$$

풀지 않고 읽는 수학

의 관계가 있는 함수라고 하는 것을 알았다. 일반적으로 대응하는 두 개의 양 x, y의 사이에

$$\frac{y}{x} = a$$

라고 하는 관계가 있을 때 x, y는 정비례라고 하고 a를 이 정비례의 **비례상수**라고 한다. 이 식의 분모를 없애면

$$y = ax$$

를 얻을 수 있다. 이것이 식으로 표현된 정비례이다. 여기에서 중요한 두 가지를 간단하게 살펴보자.

하나는, 비례상수 a는 $x=1$일 때의 y의 값에 해당한다는 사실이다. 이러한 양을 1단위량 혹은 단위량이라고 한다. 예를 들어 시속 60km로 달리는 자전거가 x시간에 진행하는 거리 y는 $y=60x$로 표현이 되지만 이 60km/h가 1단위량, 이 경우는 한 시간에 해당하는 양, 즉 시속이고 비례상수이다. 또 하나 정비례에서 $x=0$일 때 반드시 $y=0$이 된다. 두 개의 양 x, y가 정비례가 되면 그것은 반드시 $x=y=0$에서 출발한다.

정비례를 좀 더 분석해 보자.

$$y = f(x) = ax$$

를 정비례라고 한다. x의 값 α, β와 $\alpha+\beta$에 대해서 함수의 값이 어떻

게 되는지를 조사한다.

$$f(\alpha+\beta)=a(\alpha+\beta)$$
$$=a\alpha+a\beta$$
$$=f(\alpha)+f(\beta)$$

가 되어 $f(\alpha+\beta)$의 값이 $f(\alpha)$와 $f(\beta)$의 합이 됨을 알 수 있다.

정비례는 처음부터 $f(k\alpha)=kf(\alpha)$라고 하는 성질(이것은 초등학교에서 배우는 정비례의 성질이다)을 가지고 있으므로 모아서 정리하면 정비례는

$$\begin{cases} (1)\,f(\alpha+\beta)=f(\alpha)+f(\beta) \\ (2)\,f(k\alpha)=kf(\alpha) \end{cases}$$

의 성질이 있다는 것을 알 수 있다. 일반적으로 이 두 개의 성질을 가진 함수를 선형사상이라고 이야기한다.

결국 정비례는 가장 간단한 **선형사상**線形寫像, linear map이다. 선형성이란 "합을 합으로 정수배를 정수배로 옮긴다."라는 성질을 말한다. 이것은 수학이 발견하고 다뤄 온 내용 중에서 가장 중요한 성질이다. (1)의 성질을 **중첩의 원리**라고 한다. 정비례 함수를 블랙박스라고 생각하면 이 블랙박스는 입력의 합에 대해서 합의 출력을 내는 것이다. 중첩의 원리가 성립되는 것은 정비례하는 함수, 좀 더 일반적인 선형성에서 매우 중요한 성질이다. 일반의 함수에서는 입력이 두 배가 될 때 출

력이 두 배가 된다고 한정할 수 없지만 정비례하는 함수는 그런 성질이 있다. 반대로 이와 같은 성질을 가진 함수는 정비례하는 함수밖에 없기 때문에 간단하게 증명할 수 있다.

 선형성을 가진 함수는 정비례하는 함수이다.

함수 $y=f(x)$가 선형성을 갖고 있다고 한다. 이때

$$f(x)=f(x\cdot1)$$
$$=xf(1)$$
$$=f(1)x$$

그러므로 정수 $f(1)$을 a라고 한다면 이 함수는 $y=ax$가 되고 정비례이다.

그리고 이 선형성을 조금 시점을 달리해서 본 것이 **일차함수**一次函數, linear function이다. 일정량의 수 b가 들어가는 수조에 시간당 일정한 양인 a의 물을 넣는다. 수량이 점점 늘어난다. 이때 수조의 수량 y는 x에 정비례할까? 이것은 틀리기 쉬운 문제인데 y는 x에 정비례하지 않는다.

$x=0$일 때 수조에는 처음의 물 b가 들어 있기 때문에 $y=0$이 되지 않는다. 이것은 정비례 부분에서 설명한 정말 중요한 성질이다. 매시간

a씩 물이 늘어나니까(이것이 1단위량이다), 이 경우 수량 y는

$$y = ax + b$$

로 나타낸다. b는 처음 물의 양을 나타내는 정수로 $x=0$일 때 y의 값이다. 이것을 초깃값이라고 한다. 또 일차함수에서는 유감스럽지만 중첩의 원리가 성립되지 않는다. 이것을 시험해 보면 바로 알 수 있다. 실제로 $y=f(x)=ax+b$일 때

$$
\begin{aligned}
f(\alpha+\beta) &= a(\alpha+\beta)+b \\
&= a\alpha + a\beta + b \\
&\neq a\alpha + b + a\beta + b \\
&= f(\alpha) + f(\beta)
\end{aligned}
$$

이다.

그런 이유로 초깃값이 0이 아니면 수조의 수량은 시간에 정비례하지 않는다. 그렇지만 이런 경우 우리는 종종 왠지 "수조의 양은 시간이 지나가면서 시간에 비례해서 늘어난다."라고 하는 느낌(이것을 이 책에서는 정비례 감각이라고 말한다)을 갖고 있다.

실제, 많은 사람들이 정비례의 예로 이처럼 수조의 물을 든다. 이것은 어떤 의미에서는 아주 자연스럽다.

실제로 일차함수 $y=ax+b$를

풀지 않고 **읽는 수학**

$$y - b = ax$$

라고 변형해서 $y-b$를 새로운 변수 Y로 바꾸면 함수는

$$Y = ax$$

가 되지만 이것은 변량 $y-b$가 시간 x에 정비례하고 있다는 것에 지나지 않는다. 결국 처음 수면을 0이라고 생각한다면 물의 양은 확실히 시간에 정비례한다. 또

$$y = a\left(x + \frac{b}{a}\right)$$

라고 변형하고 $x+\dfrac{b}{a}$를 새롭게 변수 x로 치환하면 함수는

$$y = ax$$

가 되지만 결국 이 경우 출발 시간을 $-\dfrac{b}{a}$까지 거슬러 올라가면 물의 양이 시간에 정비례하고 있다는 것이 된다. 아마도 사람들은 아주 자연스럽게 이 치환을 인식하지 못하고 그냥 정비례하는 함수를 발견하는 것이다. 이것이 정비례 감각이다.

　일차함수는 매우 간단한 함수이지만 중요한 것은 이 '정비례 감각'이라고 생각한다. 따라서 마지막에 이 정비례 감각을 수학적으로 뒷받침해 두자.

$y=f(x)=ax+b$를 일차함수라고 한다. x가 h만큼 변화해서 $x+h$가 되었을 때 y의 변화량 $f(x+h)-f(x)$를 생각할 수 있다. x의 변화량 h를 x의 증가분, y의 변화량 $f(x+h)-f(x)$를 y의 증가분이라고 한다. 그렇다면 일차함수에 대해서 x의 변화량과 y의 변화량의 비가 어떻게 되었는지를 조사해 보자.

$$f(x+h)-f(x)=(a(x+h)+b)-(ax+b)$$
$$=ax+ah+b-ax-b$$
$$=ah$$

이기 때문에 변화량의 비율을 구하면

$$\frac{f(x+h)-f(x)}{h}=\frac{ah}{a}=a$$

가 된다. 결국, 일차함수에서 변수 그 자체는 정비례하지 않지만 변수의 변화량은 정비례하므로 그 비례상수는 a가 된다.

이것은 일차함수 가운데 숨어 있는 불변량에도 있다. 이처럼 우리는 그것을 알아차리지 못해도 일차함수 변화량의 변화에 주목한다는 의미에서 정비례하는 함수인 것을 느끼는데 그것이 정비례 감각이다.

함수의 모습을 시각적으로 이해하기 위해서 그래프로 그려 보면 알기가 쉽다. 평면상에 직교하는 두 개의 수직선을 긋고 수평선을 x축, 수직선을 y축이라고 한다. 또 두 직선의 교점을 원점이라고 한다. 이 좌표축이 그어진 평면을 좌표평면이라고 하고 좌표평면상의 점을 x축에서 거리 $x(\overline{0x})$와 $y(\overline{0y})$축에서의 거리 y를 조합해서 $P=(x,\,y)$라고 표시한다. 이처럼 대응하는 x와 y의 값을 조합해서 좌표평면상에 점을 찍는 것으로 함수의 그래프를 그리는 것이 가능하다.

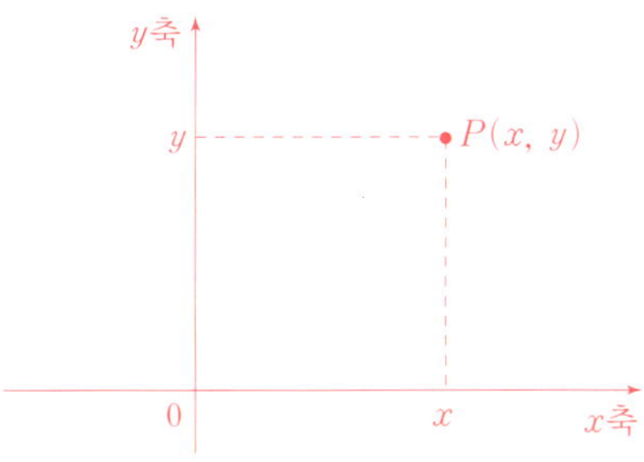

y의 변화량이 x의 변화량에 비례하고 있는 것을 고려하면 일차함수 $y=ax+b$의 그래프가 직선이 되는 것을 알 수 있다. 선형성이라는 말은 여기에서 온 것이다.

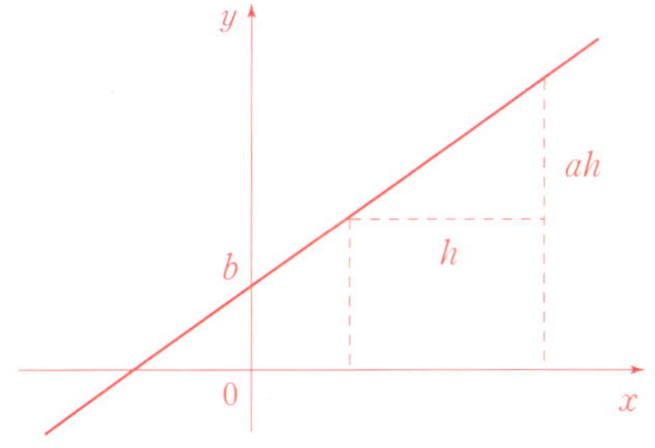

b는 함수로서 생각했을 때 $x=0$일 때의 값인 초깃값이지만 그래프

로 생각하면 y축과의 교점인 y좌표이다. 이것을 **y절편**이라고 한다. 특히 정비례의 그래프는 $b=0$이므로 y절편이 0일 때에 해당하고 원점을 통과하는 직선이 된다.

그렇다면 다항식의 차수를 좀 더 올리면 함수는 어떻게 될까? 다음에서 그 문제를 생각해 보자.

◀ 이차함수와 다항함수

이차함수는 경사면을 굴러가는 물체의 운동이나 낙하의 법칙에 나오는 함수이다. 예를 들어 물체의 낙하 거리는 떨어지는 시간 x의 제곱에 비례해서 그 비례상수를 보통은 g로 나타낸다. g를 물리학에서는 중력상수라고 말한다. 그러므로 낙하거리 y는

$$y=gx^2$$

인 **이차함수**二次函數, quadratic function로 나타낼 수 있다. g의 값은 실험에 의해서 대체로 4.9라는 사실이 알려졌다. 여기에 나타나는 함수 $y=ax^2$은 x의 제곱에 비례한다. 이것이 가장 간단한 이차함수이다.

이 함수는 중학교에서 배우는데 그래프는 **포물선**parabola의 형태가 되어 $a>0$, $a<0$에 따라서 위를 향하는가 아래를 향하는가가 결정되고 다음과 같은 형태가 된다.

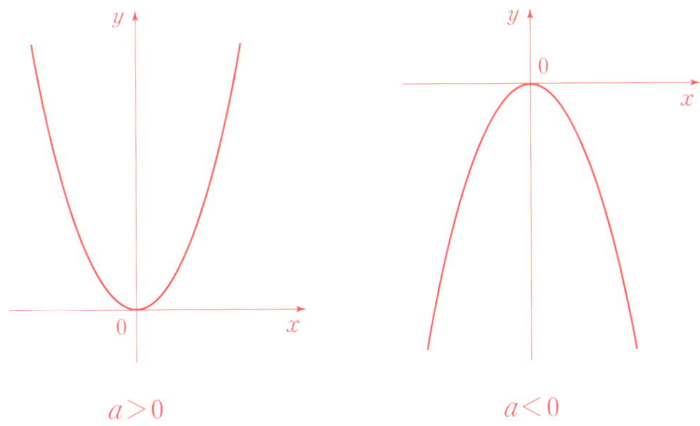

$$a>0 \qquad\qquad a<0$$

　　포물선이라는 이름은 공을 던졌을 때 공이 그리는 곡선과 그래프의 곡선의 형태가 같기 때문에 붙은 이름이다.

　　일반적으로 다음의 이차식으로 표현되는 함수

$$y=f(x)=ax^2+bx+c$$

를 이차함수라고 한다.

　　이차방정식을 풀었을 때 완전제곱이라는 방법을 도입했다. 이차함수에도 다시 한 번 그것을 사용하면

$$
\begin{aligned}
ax^2+bx+c &= a\left(x^2+\frac{b}{a}x\right)+c \\
&= a\left(x+\frac{b}{2a}\right)^2-\frac{b^2}{4a}+c \\
&= a\left(x+\frac{b}{2a}\right)^2-\frac{b^2-4ac}{4a}
\end{aligned}
$$

변화의 법칙과 함수

가 된다. 이번에는 방정식의 변형이 아니기 때문에 양변을 a로 나누는 대신에 a로 묶었다.

따라서 이차함수는

$$y = a\left(x + \frac{b}{2a}\right)^2 - \frac{b^2 - 4ac}{4a}$$

가 된다. 이것을 변형해

$$y + \frac{b^2 - 4ac}{4a} = a\left(x + \frac{b}{2a}\right)^2$$

가 된다. 그리고 새로운 변수 X, Y를

$$Y = y + \frac{b^2 - 4ac}{4a}, \ \ X = x + \frac{b}{2a}$$

라고 하면 원래의 이차함수를

$$Y = aX^2$$

으로 간단하게 나타낼 수가 있다. 이렇게 되면 정말 재미있는 사실을 알 수가 있다.

변수를 치환해서 얻은

$$X = 0, \ Y = 0$$

풀지 않고 **읽는 수학**

을 새로운 X, Y축으로 하는, 즉

$$x = -\frac{b}{2a}, \quad y = -\frac{b^2 - 4ac}{4a}$$

를 좌표축으로 생각할 수 있기 때문에 이 좌표축에 대해서 이차함수는 제곱비례하는 함수 $Y = aX^2$으로 나타낼 수 있게 된다.

따라서 함수의 그래프는 다음처럼 된다. $a > 0$의 경우를 그려 보자.

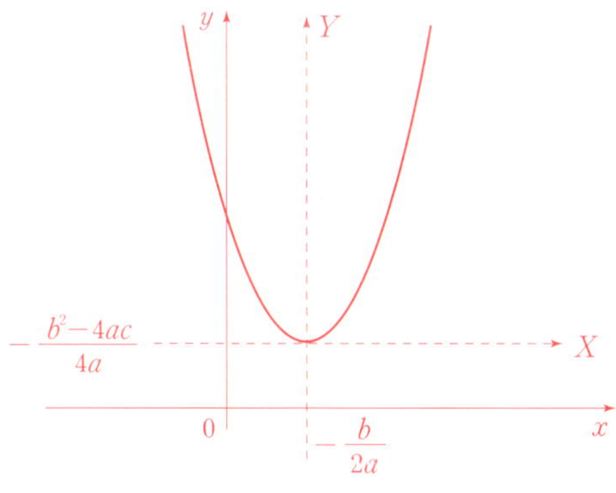

$y = ax^2 + bx + c$의 그래프

이차함수 $y = ax^2 + bx + c$는 그 형태가 x^2의 계수 a로 결정되고 일차함수의 항 $bx + c$는 형태와는 아무 관계가 없다. 그리고 그래프 좌표평면의 위치, 즉 그래프의 장소를 결정할 뿐이라는 것을 알게 되었다. 또 모든 이차함수가 $y = ax^2$의 형태가 되기 때문에 포물선은 모두 비슷한 꼴이라는 것을 알 수 있다. 무엇보다도 일차함수의 그래프는 모두 직선이기 때문에 일차함수의 그래프는 모두 합동이라는 말을 하는 것도 가능하고 이 시점에서 보면 $y=ax+b$를 $y-b=ax$라고 변형해서 $y-b=Y$라고 두고 $Y=ax$라고 생각하면 평행이동에 따른 합동변환이 된다.

또 이 그래프에서 전 장에서 서술한 판별식의 다른 해석을 도출할 수 있다. 그것은 포물선이 x축과 만나는가 만나지 않는가는 새롭게 취한 x좌표축

$$y=-\frac{b^2-4ac}{4a}$$

가 x좌표축 위에 있는가 아래에 있는가로 결정된다는 것이다. 즉 $a>0$라면

그래프는 아래를 향하는 포물선이기 때문에

$$-\frac{b^2-4ac}{4a}<0$$

일 때 x축과 만나고, 마찬가지로 $a<0$이라면

$$-\frac{b^2-4ac}{4a}>0$$

일 때 x축과 만나게 된다. a의 부호에 주의해서 변형하면 다음의 정리를 얻을 수 있다.

이차함수 $y=ax^2+bx+c$ 에서 판별식을 $D=b^2-4ac$ 로 했을 때 $D\geqq0$ 이라면 그래프는 x 축과 만난다.
($D>0$: 두 점에서 만남, $D=0$: 한점에서 만남)

이것이 기하학적으로 본 판별식의 의미로, 반대로 보면 $D<0$ 일 때 포물선의 그래프는 x 축과 만나지 않게 된다. x 축을 만나지 않는다는 것은 방정식이 실수 해를 갖지 않는다는 것이기 때문에 이것은 방정식의 장에서 알아본 것을 기하학적으로 바꾼 것이라고 할 수 있다.

일반적으로 n 차 방정식으로 표현되는 아래와 같은 형태의 함수를 n 차 함수(다항함수 多項式函數, polynomial function)라고 한다.

$$y=a_nx^n+a_{n-1}x^{n-1}+\cdots\cdots+a_1x+a_0$$

이 함수의 그래프는 n 이 크면 클수록 점점 복잡해진다. 일차함수의 그래프는 모두 합동, 이차함수의 그래프는 모두 형태가 유사하게 그려지지만 유감스럽게도 삼차함수 이상의 함수의 그래프에 대해서는 그러한 성질이 없다. 이 함수의 변화하는 모습을 대수적인 방법으로만 분석하는 것은 어렵다. 그래서 미적분이라고 하는 수학이 개발되었다. 여기에서는 다음과 같은 것에 주의하자.

다항함수는 아무리 복잡하더라도 주어진 입력 x 에 대해서 출력 y 를 구체적으로 계산하는 방법이 명시되어 있다. 그 의미에서 이 함수는 블랙박스가 아니고 화이트박스이다. 이것은 함수가 다항식이라고 하는

변화의 법칙과 함수

구체적인 식으로 주어졌기 때문이다. 함수 값을 직접 계산할 수 있는 함수는 어떤 의미에서 다항함수밖에 없다. 이것을 다음의 함수에서 좀 더 자세하게 생각해 보자.

지수함수

같은 문자 a를 여러 번 곱할 때 그것을 a^n이라고 쓰고 거듭제곱이라고 한다는 것을 중학교에서 배웠다. n은 a를 곱하는 횟수로

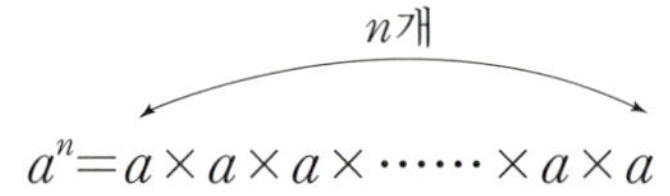

$$a^n = a \times a \times a \times \cdots\cdots \times a \times a$$

이다. n을 거듭제곱의 지수라고 한다. 이 지수에는 법칙이 있다.

지수법칙指數法則, law of exponent이라고 하는데 다음의 세 가지로 구성된다.

(1) $a^m \times a^n = a^{m+n}$

(2) $a^m \div a^n = a^{m-n}$

(3) $(a^m)^n = a^{mn}$

지금부터 지수법칙을 이용해서 지수를 확장시켜 보자. 일반의 경우

풀지 않고 읽는 수학

를 다루기 위해서 $a>0$, $a\neq1$이라는 가정을 해 두자. $a<0$일 때는 값이 왔다갔다하고 $a=1$일 때는 a^n이 항상 1이 되기 때문에 재미가 없다.

그리고 (2)에서 $m=n$일 때 좌변은 $a^m\div a^m$이 되어 1이 되지만 우변은 $a^{m-n}=a^0$이 되기 때문에

$$a^0=1$$

로 정한다. 이렇게 0의 경우도 포함해서 지수법칙이 성립하게 되면

$$1\div a^n=a^0\div a^n$$
$$=a^{0-n}$$
$$=a^{-n}$$

이 되기 때문에

$$a^{-n}=\frac{1}{a^n}$$

이라고 하는 것이 자연스럽다. 또 지수법칙 (3)에서

$$\left(a^{\frac{1}{m}}\right)^m=a^{\frac{m}{m}}=a^1=a$$

이기 때문에

변화의 법칙과 함수

$$a^{\frac{1}{m}} = \sqrt[m]{a}$$

라고 정한다.

이렇게 해서 모든 유리수의 $\dfrac{n}{m}$에 대해서

$$a^{\frac{n}{m}} = \sqrt[m]{a^n}$$

이라고 정한다. 결국 $a^{\frac{n}{m}}$을 m승하면 a^n이 되는 수를 나타낸다.

또 일반의 지수에 대해서 그 값을 결정할 수가 있고 이렇게 해서 일반의 x에 대해서 a^x가 정해지고 함수 $y = a^x$를 얻을 수 있다. 이것을 **지수함수** 指數函數, exponential function라고 하고 a를 지수함수의 **밑** base이라고 한다.

정비례하는 함수 $y = f(x) = ax$는 x가 1씩 증가할 때마다 일정한 차이만큼 변화하는 함수이다. 식으로 말하면

$$f(x+1) - f(x) = a$$

이다.

이것에 반해서 지수함수 $y = f(x) = a^x$는 x가 1씩 증가할 때마다 일정 비율만큼 변화하는 함수이다. 식으로 말하면

$$\frac{f(x+1)}{f(x)} = a$$

이다. 이것이 지수함수 가운데 불변량이다. $a>1$로 하고 그래프를 그리면 다음과 같이 된다.

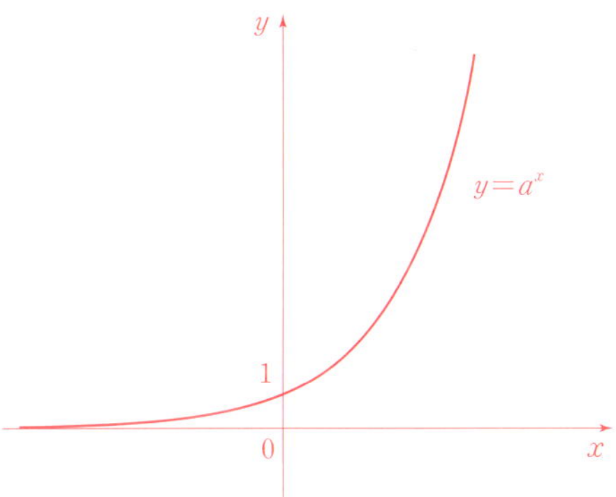

그래프를 보면 알 수 있듯이 $a>1$일 때 x의 값이 커지면 y의 값은 급속하게 커진다.

그렇다면 예를 들어 지수함수 $y=2^x$에 대해서 $x=0.75$일 때의 값은 어떻게 하면 계산할 수 있을까? 0.75는 $\dfrac{3}{4}$이니까 이것은 지수함수의 정의에 따라 네제곱을 하면 2의 세제곱, 즉 8이 된다. 결국 $2^{0.75}$는 8의 네제곱근($\sqrt[4]{8}$)이 된다. 이 수가 1과 2의 사이에 있다는 것은 확실하지만 얼마가 되는지는 확실히 알 수 없다. 결국, 지수함수의 정의는 확실하지만 함수 그 자체는 블랙박스인 채로 있다고 해도 좋을 것이다. 그래서 이런 구조를 해명하는 것이 수학에서 또 하나의 목표가 되었다. 그러나 그것은 아무래도 미분과 적분이라는 수학의 도움이 필요하다. 그 문제에 대한 자세한 분석은 다음 장으로 넘기고 여기에서는 또 하나의 새로운 함수에 대해서 알아보자.

역함수

우리들은 x와 y의 대응으로서 함수 $y=f(x)$를 생각했다. 이것을

$$f : x \longrightarrow y$$

라고 쓰면 함수 $f(x)$에서 x가 y에 대응한다는 사실을 확실하게 알 수가 있다. 반대로 y에 대응하고 있는 x는 무엇일까를 생각해 보자. 전형적인 예를 들어 설명해 보자. 방정식에서 이차방정식 $ax^2+bx+c=0$을 푼다는 것은 이차함수 $y=ax^2+bx+c$가 출력이 0이 되도록 하는 x를 구하는 것이다. 이처럼 함수 $y=f(x)$가 있을 때 반대로 y의 값에 x의 값을 대응시키는 대응(함수)을 $f(x)$의 **역함수**逆函數, inverse function라고 한다. 이것은 함수 $y=f(x)$에서 x와 y의 값을 바꾸는 것이다. 결국 $y=f(x)$의 역함수라는 것은 형식적으로 x와 y를 바꿔서 넣은 함수 $x=f(y)$이다. 그런데 여기에는 하나의 문제가 있다. 예를 들어 함수 $y=x^2$을 생각해 보자.

[예] $y=x^2$의 역함수

형식적으로 x와 y를 바꾸면 $x=y^2$이 된다. 이 장면에서 $x \geq 0$이라는 조건이 붙는 것에 주의하자. 그렇지만 함수는 보통 $y=\cdots\cdots$의 형태

로 쓰자고 약속을 했기 때문에 이 식을 y에 대해서 풀면 $y=\sqrt{x}$가 된다. 그러나 이 x의 값에 대해서 y의 값은 하나가 아니다. 따라서 y에 대해서도 조건을 붙여서 $y\geq0$으로 하자. 이렇게 해서 $y=x^2$의 역함수는

$$y=\sqrt{x}$$

로 정해진다. 즉 제곱을 하면 x가 되는 수로 주어지는 함수이다.

지금의 경우 변수 x, y에 제한이 있다는 것에 주의해야 한다. 이처럼 역함수를 생각하는 경우 변수에 제한을 두어야 하는 경우가 있다.

그렇다면 이것을 기본으로 지수함수의 역함수를 생각해 보자. 지수함수 $y=a^x$에 대해서 이 역함수는 x와 y를 바꾸면 $x=a^y$가 된다.

x가 주어진 경우 a를 몇 제곱을 하면 x가 된다고 하는 것이다. 이것이 지수함수의 역함수이지만, 앞의 예와 마찬가지로 이 식을 y에 대해서 풀어 $y=\cdots\cdots$의 형태로 표현하려고 한다. 그렇지만 이 식은 유감스럽게도 $x=y^2$과 달리 y에 대해서 대수적으로 푸는 것이 불가능하다.

이런 경우 수학에서는 "y에 대해서 풀었다."고 하고 그것을 새로운 기호로 나타내는 이른바 편법을 사용한다. 사막 저편에 숨어 있는 괴물이 있다. 그 괴물이 그대로 있으면 사람들은 두려워한다. 그러나 그 괴물에게 '사자'라는 이름을 붙이는 순간 괴물은 괴물이 아니고 그냥 사자가 되고 만다. 이것은 유명한 이야기인데 이 경우도 거기에 해당한다.

지수함수의 역함수라는 괴물에게 **로그 함수**logarithmic function라는 이

변화의 법칙과 함수

름을 붙인다. 그리고 그 함수를

$$y = \log_a x$$

라고 쓰고 로그 함수라고 부른다. 결국 로그 함수란 $x = a^y$가 되기 때문에 당연히 $a^{\log_a x} = x$가 된다. 그렇지만 이 경우는 변수에 제한을 둘 필요가 있지 않을까? 그럼, 그래프를 자세히 살펴보자.

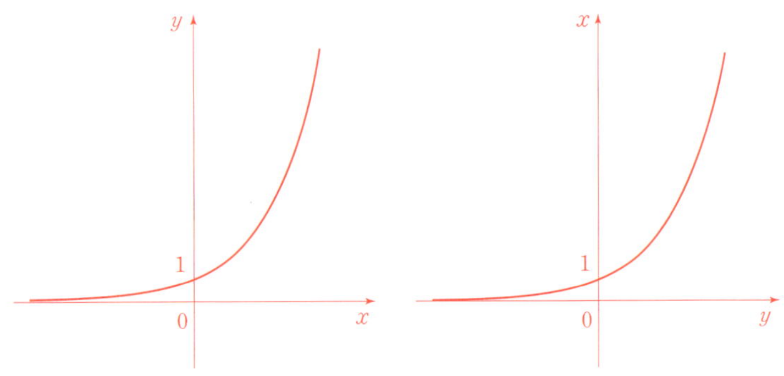

역함수란 요약하면 x, y의 역할을 바꾸면 되기 때문에 형식적으로는 x를 y에, y를 x로 바꿔쓰기만 하면 된다. 마찬가지로 그래프에서도 그래프 자체에는 손을 대지 않고 x와 y만을 바꿔 쓴다.

그렇지만 그래프에서는 기호 x, y가 나오는 곳이 몇 군데 더 있는데 거기도 전부 바꿔 써야 한다. 물론 좌표축 이름도 바꿔야 한다. 따라서 위의 오른쪽 그래프가 바로 로그 함수의 그래프이다. 좀 이상할 수도 있다. 그렇다. 좌표축이 눈에 익숙한 형태로 되어 있지 않다. 좌표축이란 어디까지나 그래프를 쓰기 위한 도구이다. 그러므로 세로축이 x축이어도 상관없지만 익숙한 쪽이 훨씬 더 보기 쉬울 것이다. 그래서 이대로 좌표축을 원래의 위치로 갖다 놔야 한다.

이 그래프를 익숙한 형태로 만들기 위해서는 가로축을 x축으로 세로축을 y축으로 하도록 축을 이동한다. 먼저 그래프와 좌표축을 원점을 중심으로 90° 회전하고 그것을 y축을 대칭축으로 해서 180° 뒤집는다(이 조작은 그래프를 직선 $y=x$에 대해서 뒤집는 조작과 똑같다). 그렇게 하면 다음의 그래프를 얻을 수 있다.

이것이 로그 함수의 그래프이다. 식도 $x=a^y$에서 $y=\log_a x$로 다시 써야 한다.

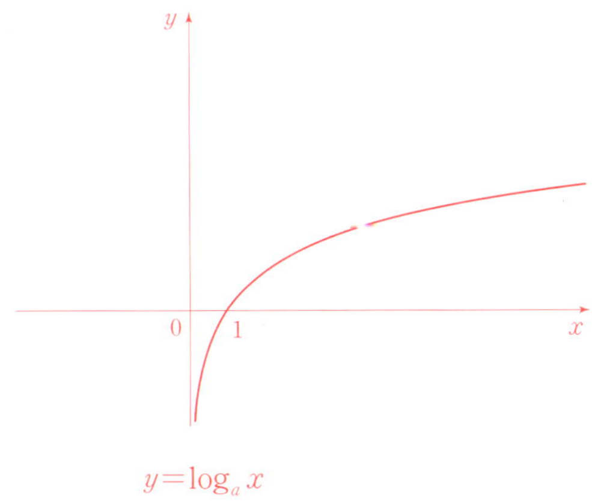

$$y=\log_a x$$

이 그래프를 보면 알겠지만 로그 함수의 경우는 y에 제한을 두지 않아도 함수로서 의미를 가진다.

그리고 로그 함수도 변함없이 블랙박스인 채로 있다. 예를 들어 함수 $y=\log_{10} x$의 $x=2$일 때의 y의 값은 간단하게 구할 수 없다. 이것은 $10^y=2$가 되는 y를 말한다. 이 값이 1보다 작은 것은 틀림없지만 어느 정도일까? 좀 더 궁리를 해 보면 이런 것을 알 수 있다.

$$2^{10}=1024 \fallingdotseq 1000=10^3$$

이 되기 때문에 다시 간단하게 표현하면 $2^{10}=10^3$이라고 생각하면 $2=10^{0.3}$이 되고 $\log_{10} 2$는 대략 0.3이다. 좀 더 정밀하게 계산하면 $\log_{10} 2$가 대략 0.30이라는 것을 알게 된다. 그러나 항상 이런 식으로 y의 값을 구할 수는 없다. 이 함수에 대해서도 블랙박스의 속을 나중에 미적분을 사용해서 조사해 보기로 하자.

삼각함수

삼각함수 三角函數, trigonometric function는 원운동과 함께 나타나는 매우 중요한 함수이다. 이 함수는 원래 삼각비와 기하학적인 이해에 매우 중요하다. 삼각비는 구체적인 측량과 관련되기 때문에 매우 중요한 개념이다. 그러나 함수를 생각할 때는 삼각형보다 원운동과 관련해서 생각하는 것이 훨씬 이해하기 쉽다. 즉 삼각함수를 단위원 위의 점 위치를 나타내는 함수로 생각할 수 있다. 이를 위해서 반지름이 1인 원(이것을 **단위원** 單位圓, unit circle이라고 한다)의 위에 있는 점에 대해서 그 위치를 수치로 나타내는 방법을 생각해야 한다. 그 하나의 방법이 **라디안**radian 이란 단위이다.

라디안

우리가 함수의 그래프를 생각할 때 점을 좌표평면 위에 어떤 식으로 그릴 수 있을까?

이때 가장 중요한 것은 "(＋나 －의) 부호가 붙은 길이로서 수치를 나타낸다."는 사실이다. 수직선이라는 개념 그 자체가 수치를 직선 위에 있는 길이로 표현한다는 것이다. x축상의 꼭지점을 원점으로 해서 그 점으로부터 좌우로 부호가 붙은 길이를 잡아서 수를 직선 위에 있는 점으로 표현한다. 이것이 수직선의 개념이다. 따라서 수를 수직선상에 표현하기 위해서는 그 수치를 길이로 표현하는 것이 필요하다. 그런데 우리는 각의 크기를 나타낼 때 보통 도(度, degree)라는 단위를 사용한다. 도(˚)는 원주를 360˚ 등분했을 때 전체 중에 얼마를 차지하는지를 각의 크기로 나타내는 방법이다. 30˚의 각도라고 했을 때 수직 30은 길이를 나타내지 않는다. 그러므로 정확하게 말하면 이 30이란 수치를 수직선 위에 그릴 수는 없다. 따라서 각도를 길이로 측정할 필요성이 대두되었다. 그래서 생겨난 것이 라디안이다. 단위원주를 따라서 점 $Q(1, 0)$에서 측정한 호의 길이로 크기를 나타내게 되었다.

변화의 법칙과 함수

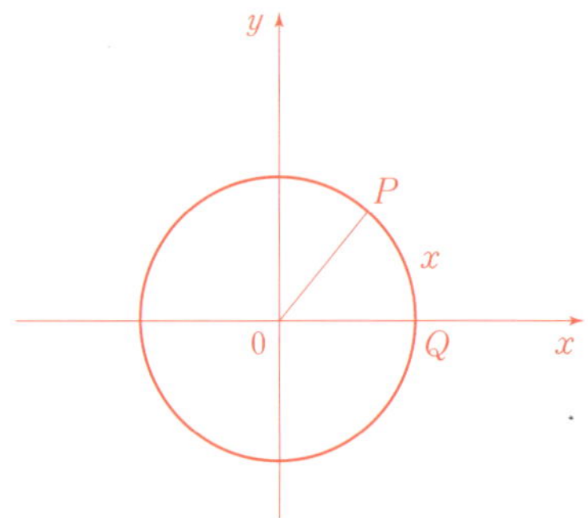

$\overparen{PQ}=x$일 때 각 $\angle POQ$의 크기를 x라디안이라고 하고 보통은 라디안이라는 단위를 떼고 $\angle POQ=x$라고 쓴다. 이 x는 실제의 호 $\overparen{PQ}$의 길이이므로 x축 위에 취할 수가 있다. 그렇지만 라디안이라고 하는 각의 측정 방법은 원호의 길이로 각을 표시하는 것이다. 원단위 원주의 거리는 2π이므로 2π가 원주분인 $360°$를 나타내고, π가 반원주분인 $180°$를 나타낸다.

만약 반원주분인 $180°$의 길이 π를 단위로 하면 $360°$가 2, $90°$가 $\dfrac{1}{2}$이 되어 딱 떨어진다. 그러나 이렇게 하면 이번에는 보통 단위량 1이 무리수가 되어 버린다(제1장 참조). 그런 이유로 보통 라디안은 $\dfrac{\pi}{2}$와 $\dfrac{\pi}{3}$의 형태로 나타내는 것이 많다. 각각 반원주의 길이의 $\dfrac{1}{2}$, $\dfrac{1}{3}$이라고 생각하면 이해하기 훨씬 쉬울 것이다.

그럼 이제 삼각함수를 생각해 보자. 삼각함수의 정의부터 알아보자.

단위원 C 위의 점 $Q(1,\ 0)$과 C 위를 회전운동하고 있는 점 P를 생각한다.

각 $\angle POQ = x$일 때 P의 x좌표를 $\cos x$, y좌표를 $\sin x$라고 쓰고 각각을 **코사인**^{cosine}, **사인**^{sine}이라고 한다. 또 $\dfrac{\sin x}{\cos x}$를 **탄젠트**^{tangent}라고 하고 $\tan x$라고 쓴다.

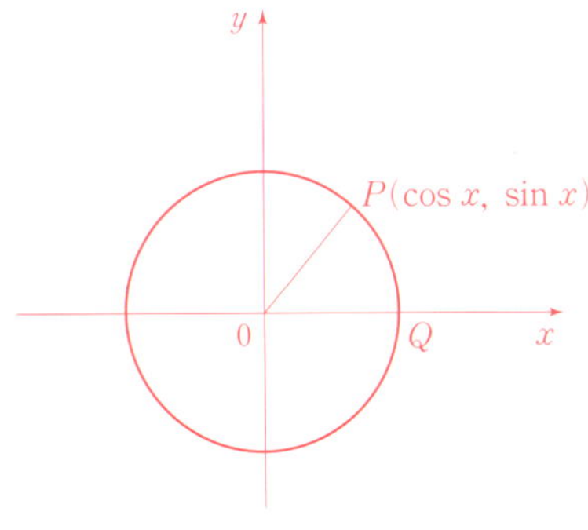

동점 P는 원주 위를 한 바퀴 돌면 원래의 점 Q에 되돌아가기 때문에 삼각함수는 2π를 주기로 해서 같은 값을 취하는 **주기함수**이다. 삼각함수의 다양한 성질은 이 정의로부터 차례차례 이끌어 낼 수 있지만 여기에서는 가장 간단한 성질만 다루기로 한다.

$$\sin^2 x + \cos^2 x = 1$$

이 식은 피타고라스의 정리를 사용하면 바로 나온다는 것에 주의하자.

직각삼각형 ABC에서 각 α의 크기가 일정하면, 이들 변의 비의 값은 삼각형의 크기에 관계없이 일정하다. 이때, 이들 일정한 비의 값을 다음과 같은 이름의 기호로 나타내기로 한다. 이들을 총칭하여 삼각비라고 한다. 변의 비는 여러 가지가 있지만 주로 쓰이는 것은 다음의 세 가지이다.

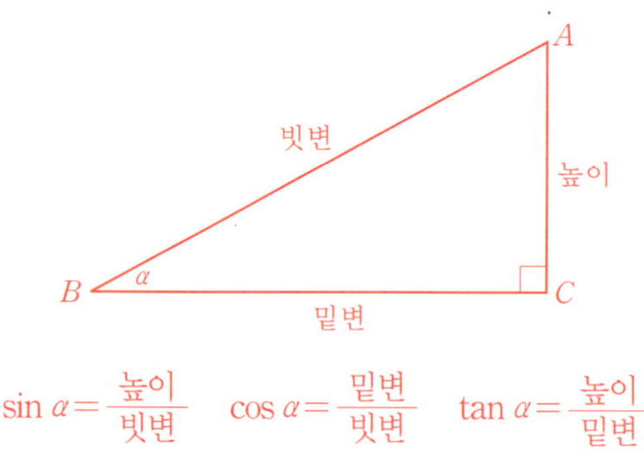

$$\sin \alpha = \frac{\text{높이}}{\text{빗변}} \qquad \cos \alpha = \frac{\text{밑변}}{\text{빗변}} \qquad \tan \alpha = \frac{\text{높이}}{\text{밑변}}$$

단위원에서 생각할 수 있는 직각삼각형에서는 빗변의 길이가 항상 1이 되기 때문에 이 삼각비의 정의는 그대로 삼각함수의 정의로 일반화된다. 삼각비를 삼각형과 관련지어 생각하면 기하학적인 모습은 알기 쉬울지 모르지만 둔각과 180°보다 큰 각에 대해서는 삼각비를 생각하는 것이 조금 어렵다. 일반적으로 삼각함수를 생각하고 그 특수한 경우로서 삼각비를 생각하는 쪽이 알기 쉽다. 여기에서 수학에서의 특수와 일반의 관계가 나타난다. 수학을 이해하기 위한 방법 중에는 특수한 예를 중복해서 일반의 개념에 도달하는 경우와 일반의 경우를 먼저 생각하고 그 특수한 경우에 비추어 개별적인 예를 생각하는 경우가 있다. 어떤 방법을 쓸 것인지는 다루는 제제에 따라서 다르다.

수학자 게오르크 뽈야는 "문제가 어려우면 일반화시켜라."라는 역설적인 명언을 남겼다.

이렇게 삼각함수는 정의되었다. 실제로 좌표평면상에 점을 취해서 그래프를 그리면 삼각함수의 그래프는 다음과 같이 된다.

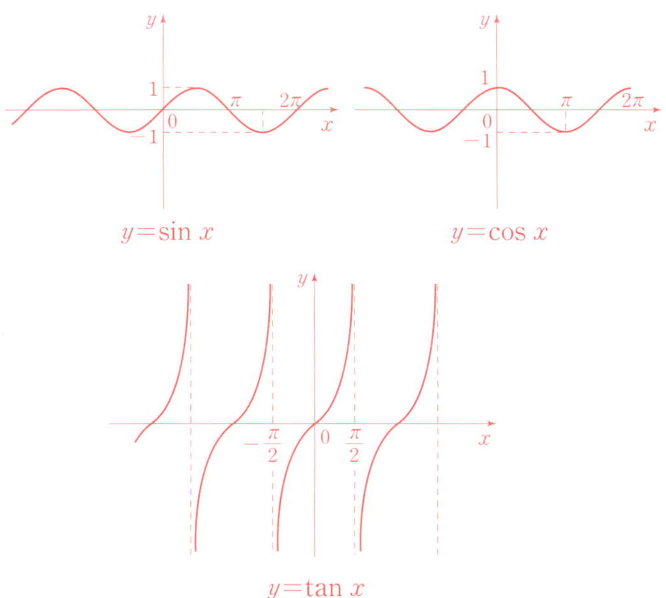

$y=\sin x$의 그래프가 파도가 치는 것처럼 실감나게 하는 재미있는 실험이 있다. $\sin x$는 원주율 위를 일정한 속도로 운동하는 점인 y좌표

변화의 법칙과 함수

이다. 따라서 투명한 플라스틱의 원주에 끈을 둘둘 만다. 그리고 시간 축이 원주의 세로방향이라고 하고 그 끈을 나선형으로 펼친다. 마치 나팔꽃 덩굴이 투명한 원주를 둘둘 말았다고 생각하자. 그 원주를 바로 옆에서 바라보자. 그러면 끈은 사인곡선이 되고 파도를 치고 있는 것 같다는 것을 알게 된다. 이것이 사인 그래프이다.

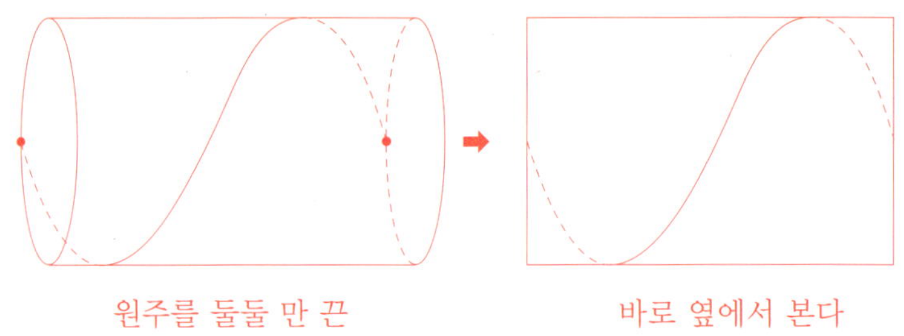

그런데 삼각함수에는 또 하나 커다란 문제가 남아 있다. 우리는 앞에서 다항함수는 이른바 화이트박스여서 구체적인 입력 x에 대해서 출력 y를 계산하는 방법이 있다는 것을 알게 되었다. 그렇다면 삼각함수는 어떨까?

반원주의 길이 π를 기준으로 했을 때 $\sin\dfrac{\pi}{3}$의 값을 기하학적 지식을 바탕으로 해서 구하면 다음과 같다.

$$\sin\frac{\pi}{3}=\frac{\sqrt{3}}{2}$$

그 외에 $x=\dfrac{\pi}{6}$와 $x=\dfrac{\pi}{2}$일 때의 값도 알 수 있다.

그러나 가장 평범한 각의 경우, 삼각함수의 값은 어떻게 구할 것인가? 가능한 크고 정확하게 그린다고 측정할 수 있을까? 이런 생각 자체가 정말 우스운 생각이다. 실제로 삼각함수의 정의는 확실하지만 변함없이 블랙박스 그대로이다. 삼각함수를 다항식으로서 나타내는 것이 가능하다면 그 값을 계산할 수 있지만 그러기 위해서 미적분이라고 하는 수학이 필요하다. 그것을 다음 장에서 생각해 보자.

역삼각함수

삼각함수 $y = \sin x$의 그래프는 다음과 같다.

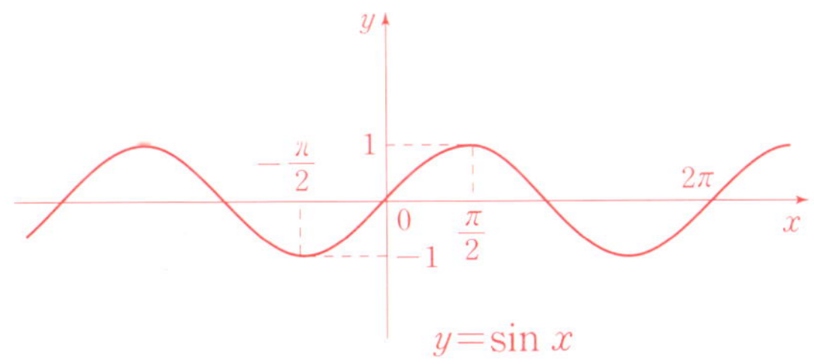

이 그림에서 x와 y를 각각 바꾸는 것이 $y = \sin x$의 역함수이다. 결국 다음 그림이 사인의 역함수와 그 그래프이다. 함수가 $x = \sin y$로 바뀜과 동시에 좌표축에 붙였던 이름도 변하므로 주의해야 한다.

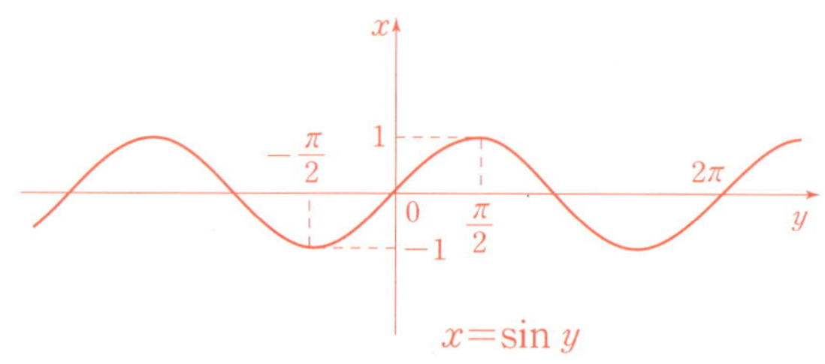

이것이 **역삼각함수**逆三角函數, inverse trigonometric function이지만 이 표기도 지금까지 친숙했던 다른 것들과는 좀 다르다. 따라서 이 그래프를 보기 익숙한 형태로 만들기 위해서 로그함수의 경우와 마찬가지로 가로축이 x축으로, 세로축이 y축이 되도록 축을 이동한다. 먼저 그래프와 좌표축을 원점을 중심으로 90° 좌회전시키고 그것을 y축을 대칭축으로 해서 180도 뒤집는다(이 조작은 그래프를 직선 $y=x$에 대해서 뒤집는 것과 마찬가지이다).

이렇게 하면 다음의 그래프를 얻을 수 있다.

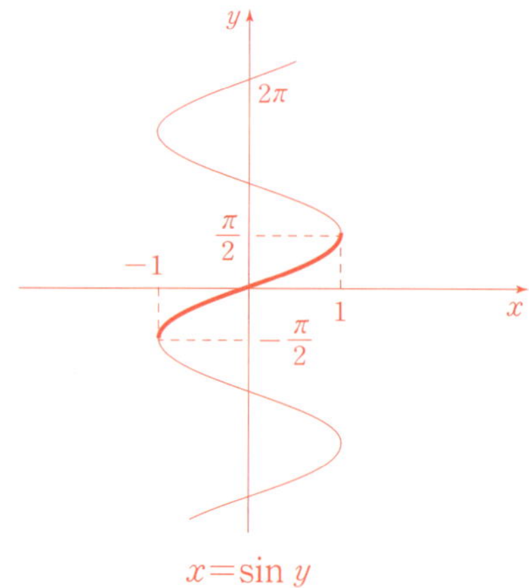

이 그래프를 보면 x의 변역이 $-1 \leq x \leq 1$이라는 것을 바로 알 수 있지만 이 범위의 x에 대해서는 유감스럽지만 y의 값은 하나가 아니다. 그렇기 때문에 보통은 y의 변역에 제한을 두고 $-\dfrac{\pi}{2} \leq y \leq \dfrac{\pi}{2}$라고 한다. 이렇게 하면 x의 값에 대해서 y의 값을 하나로 정할 수 있다.

그러나 우리들은 $y = f(x)$ 형태로 나타내는 것에 익숙해 있기 때문에 $x = \sin y$를 $y = f(x)$의 형태로 고치고 싶다. 결국, y에 대해서 풀고 싶은 것이다. 그러나 지금도 로그 함수의 경우와 마찬가지로 이 식을 y에 대해서 풀 수가 없다. 이런 경우도 그냥 풀었다고 치고 이것을

$$y = \sin^{-1} x$$

라고 쓰고 아크사인arcsine이라고 읽는다. 이것이 $y = \sin x$의 역함수이다. 정리하면

$$y = \sin^{-1} x \Leftrightarrow x = \sin y \left(-\dfrac{\pi}{2} \leq y \leq \dfrac{\pi}{2} \right)$$

가 된다.

마찬가지로 $\cos x$, $\tan x$의 역함수도 정할 수가 있다. 이런 함수를 각각 $y = \cos^{-1} x$, $y = \tan^{-1} x$라고 쓰고 아크코사인arccosine, 아크탄젠트arctangent라고 한다. 그래프를 그려 보자.

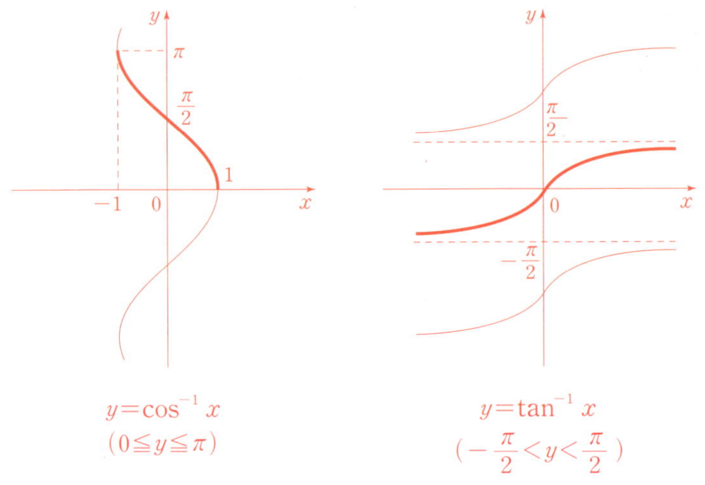

$$y = \cos^{-1} x$$
$$(0 \leq y \leq \pi)$$

$$y = \tan^{-1} x$$
$$\left(-\frac{\pi}{2} < y < \frac{\pi}{2}\right)$$

$\sin^{-1} x$일 때와 마찬가지로 y의 값을 하나로 결정하기 위해서 y의 변역에 제한을 두는 것에 주의하자.

왜 삼각함수의 역함수가 필요한 것일까? "사인의 값이 얼마 얼마가 되는 각은 어떤 각일까?"라는 물음에 대답할 필요가 있기 때문이지만 사실은 역삼각함수에는 또 하나의 중요한 역할이 있다. 그것은 다음 미적분의 장에서 설명한다.

초등함수

지금까지 살펴본 함수는 다항함수, 지수함수, 로그 함수, 삼각함수, 역삼각함수였다. 다항함수를 나누면 분수함수가 나온다. 또 n제곱근을 사용하면 무리함수가 나온다. 다항함수, 분수함수, 무리함수의 역함수는 마찬가지로 같은 종류인 다항함수, 분수함수, 무리함수가 된다. 지수함수와 로그 함수는 서로 역함수 관계이고 삼각함수와 역삼각함수도 서로 역함수이다. 결국, 이들 함수들을 정리해서 하나의 세계를 만들었다. 이런 함수를 모아서 **초등함수**初等函數, elementary function라고 한다. 특히 다항함수, 분수함수, 무리함수를 모아서 **대수함수**代數函數, algebraic function라고 하고 지수, 대수, 삼각, 역삼각의 각 함수를 **초등초월함수**初等超越函數라고 한다.

다시 한 번 블랙박스라고 하는 눈으로 이들 초등함수를 바라보자. 다항함수는 블랙박스의 내용물을 확실하게 알고 있다고 생각해도 좋을 것이다. 이는 입력 x를 가공하는 과정이 명기되었다는 의미이다. 분수함수도 분자, 분모가 모두 다항식이므로 일단은 계산의 과정을 알고 있다고 할 수 있다. 무리수가 되면 조금 불안해진다. 예를 들어 간단한 무리함수 $y=\sqrt{x}$라고 해도 $\sqrt{2}$라면 중학교 때 이후에 1.41421356…… 등을 기억하고 있는 사람이 많겠지만 $\sqrt{2.5}$가 되면 즉시 답이 나오지 않는다. 그러므로 간단한 무리함수라도 내용은 블랙박스라고 생각하는 것이 좋을 것이다. 간단한 무리함수라도 계산이 불가능하다는 것을 생각해 볼 때 초등초월함수가 되면 아주 속이 까만 전혀 보이지 않는 블랙박스가 된다는 것을 충분히 짐작할 수 있을 것이다. 이렇게 새롭게 함수를 바라보면 계산할 수 있는 함수는 다항함수밖에 없다는 것을 알게 된다. 기초적인 미적분의 역할 가운데 하나는 이 블랙박스의 조직을 조사하는 것이다.

그렇다면 다음 장에서는 남겨 두었던 모든 사항을 미적분을 사용해
서 살펴보도록 하자.

제 4 장
미분과 적분

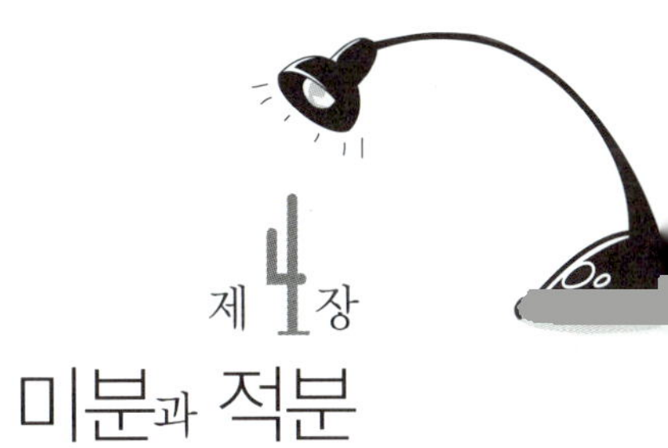

제 4 장
미분과 적분

앞 장에서는 변화를 다루는 수학의 틀로서 함수를 생각했다. 함수는 대응 일반을 나타내기 때문에 그 값을 구하는 데 어려운 측면이 있다. 그래서 함수 중에서도 비교적 취급하기 용이한 초등함수의 무리들을 소개한 것이다. 그러나 초등함수에서도 구체적으로 함수의 수치를 계산하는 것이 어려운 로그 함수와 삼각함수 같은 것도 있다는 것을 알게 되었다. 함수의 값을 구체적으로 계산할 하나의 실마리를 알려 주는 것이 바로 **미분**微分, differential이다.

미분이라는 수학의 가장 큰 특징은 가감승제라고 하는 사칙연산만이 아니라 **극한**極限, limit이라는 연산을 다룬다는 것이다. 극한은 확실히 조금 어려운 개념이다. 하지만 먼저 이것에 대해서 알아보자.

자연수 1, 2, 3, …… 을 생각하자. 물론 자연수는 얼마든지 커질 수 있다. 우리는 그것을 자연스러운 것으로 이해한다. 아이들은 수의 크기에 끝이 없다는 것을 어느 샌가 이해하고 있다. 그러나 자연수가 아무리 커진다고 해도 수학적인 구조로 이해하려고 한다면 그것을 아르키메데스의 원리로 다루어야 한다. 결국 어떤 큰 수 x를 취해도 그것보다 큰 자연수가 있다(제1장 참조). 자연수가 계속해서 커진다는 것을 직감적으로 이해하는 것이 아니라 구조로 이끌어 내서 이해할 필요는 일상생활 속에서 거의 없을 것이다. 그러나 무한이나 극한에 대해서 제대로 이해하려고 한다면 꼭 필요한 일이다.

그 아르키메데스의 원리를 반대쪽에서 본다면

$$\lim_{n \to \infty} \frac{1}{n} = 0$$

이라고 하는 식을 얻을 수 있다. 결국 아무리 작은 수 ε을 취해도 n을 충분히 크게 하면 $\varepsilon > \frac{1}{n}$이 된다. 이것이 가장 기본적인 극한의 개념이다. n을 점점 크게 하면 $\frac{1}{n}$은 계속해서 작아진다. 상식적으로 생각해 보면 지극히 당연하다. 당연하게 여기는 느낌이 극한을 이해하는 첫걸음이 된다.

여러분이 초등학생이거나 중학생일 때

$$0.9999\cdots\cdots = 1$$

이라는 등식에 위화감을 가졌던 적이 있지 않은가? 고등학교에서 극한을 배우면 이 등식을 이해할 수 있다. 그럼에도 불구하고 많은 고등학생이 0.9999……와 1 사이에 아주 작은 차이가 있다고 느끼고 있는 것 같다. 이것을 "가위바위보는 나중에 내는 사람이 이기게 되어 있다."는 방식의 극한으로 생각해 보자. 아주 작은 차이가 있다고 생각하는 사람이 A(고등학생)이고 차이가 없다는 사람이 B(선생님)이다. 이 둘의 대화를 들어 보자.

B(선생님) : 차이가 있다면 그 차이를 보여 봐.

A(고등학생) : 음, 차이는 $\dfrac{1}{10000000000}$ 정도가 아닐까요?

B(선생님) : 안타깝겠지만 0.99999999999는 그것보다도 조금 더 1에 가까워.

A(고등학생) : 차이는 $\dfrac{1}{100000000000000000000}$ 정도가 아닐까요?

B(선생님) : 이번에도 0.99999999999999999999가 좀 더 가까워.

A(고등학생) : 선생님 좀 치사해요. 차이가 너무 작기 때문에 이쪽에서 구체적으로 얼마가 차이가 나는지를 이야기한다고 해도 항상 그쪽이 이기는 거잖아요.

그렇다. 이 경우 차이가 있다는 주장을 하는 A는 0.9999와 1의 차이를 구체적으로 나타낼 수가 없다.

구체적으로 차이를 명시할 수 없다면 같은 것이다.

이것은 극한을 다룰 때의 매뉴얼이다. 이 차이를 명시할 수 없기 때문에 같다는 것을 수학에서 …… 를 사용해서

$$0.9999\cdots\cdots = 1$$

이라고 쓴다. ……의 차이를 찾기 어렵다는 의미이다. 그렇지만 이 ……가 신경 쓰이는 사람도 있을 것이다. 따라서 조금 더 세련된 방법으로 수학기호를 사용해서 나타내기로 한다.

9가 n개 계속된 0.9999……를 a_n이라고 할 때 0.9999……＝1을

$$\lim_{n\to\infty} a_n = 1, \ \text{혹은} \ a_n \to 1 \ (n \to \infty)$$

이라고 쓴다. 이것은 lim라는 기호이다. 문장으로 풀어 보면

수열 a_n의 값은 n이 무한히 커짐에 따라서 일정한 값 1에 가까이 가게 되고 1과 a_n의 차이는 검출할 수 없다.

가 되지만 보통은 이 문장의 후반부는 생략한다. 그래서

0.9999…… 는 일정한 값 1에 가까이 가고 그 극한은 1이다.

가 된다.

풀지 않고 읽는 수학

이 "차이가 명시되지 않을 때는 같은 것으로 생각한다."는 방식의 극한 개념은 수학에서 깔끔한 증명 수단이 되어 보통은 $\varepsilon-\delta$ **논법**으로 불린다. 엄청 어려운 듯 보이는 이름으로 처음에는 좀처럼 이해하기 힘들지만 위에서 이야기한 대로 "자연수는 얼마든지 커진다."는 내용이 내포되어 있다. 이것으로 극한이 어떤 느낌인지 이제는 감이 잡힐 것이다. 그렇다면 제대로 정의를 해 보자.

정의

수열 $\{a_n\}$에서 n이 1, 2, 3, …… 으로 무한하게 커지면 a_1, a_2, a_3, ……이 일정한 값 c에 가까이 가게 된다. 즉 a_n과 c와의 차이가 검출될 수 없을 때 수열 $\{a_n\}$은 c에 **수렴**한다. 즉 수열 $\{a_n\}$은 **극한값 c를 가진다**라고 하고

$$\lim_{n \to \infty} a_n = c \ \text{ 또는 } \ a_n \to c \ (n \to \infty)$$

라고 쓴다.

이것을 $\varepsilon-\delta$논법에서는 다음과 같이 표현한다.

임의의 $\varepsilon > 0$에 대해서 $n > n_0$이라면 $|a_n - c| < \varepsilon$가 되는 n_0가 있을 때 수열 a_n은 c에 수렴한다고 한다.

이것은 "a_n과 c와의 차이가 ε만큼 있다."라고 주장하는 A(고등학생)에게 B(선생님)가 "그런 것은 없다. $n > n_0$라면 a_n과 c와의 차이는 ε보

다 작아진다.”라고 말하는 것에 해당한다. 다시 기호로 표현된 문장에서는 앞에서 이야기한 추상적인 말(점점, 아무리 등등)들이 사라졌다.

일반적으로 어떤 함수 $y=f(x)$에 대해서 x가 어떤 값 a에 아주 가까이 가거나 혹은 x가 무한하게 커짐에 따라서 $f(x)$의 값이 일정한 값 c에 가까이 갈 때, 다시 말하면 함수의 값 $f(x)$와 일정한 값 c와의 차이를 검출할 수 없을 때 이 함수의 **극한값**을 c라고 하고 이것을

$$\lim_{x \to a} f(x)=c \text{ 혹은 } \lim_{x \to \infty} f(x)=c$$

라고 쓴다. 또 $f(x)$의 값이 계속해서 커진다고 할 때

$$\lim_{x \to a} f(x)=\infty \text{ 혹은 } \lim_{x \to \infty} f(x)=\infty$$

라고 쓴다. 이것도 수학적으로 표현을 하면

임의의 $\varepsilon>0$에 대해서 $|x-a|<\delta$라면 $|f(x)-c|<\varepsilon$가 되는 정수 $\delta>0$이 있을 때 “함수 $f(x)$는 x가 a에 가까이 갈 때 c에 수렴된다.”

고 한다.

이것도 A(고등학생)와 B(선생님)의 예를 들어 말하면 “$f(x)$와 c와의 차이가 ε만큼 있다.”라는 A(고등학생)의 주장에 대해서 B(선생님)는 “그런 일은 있을 수 없다. x를 a에 δ보다 가까이 가게 하면 $f(x)$와 c

풀지 않고 **읽는 수학**

와의 차이는 ε보다 작아진다."라고 하고 있는 것이다.

여기에 나오는 ε, δ를 취해서 이 논법을 $\varepsilon - \delta$논법이라고 부른다.

[예]

(1) $\displaystyle\lim_{x \to \infty} \frac{1}{x} = 0$

(2) $\displaystyle\lim_{x \to \infty} \frac{2x+1}{x} = 2$

(3) $\displaystyle\lim_{x \to \infty} \frac{1}{x^2+1} = 0$

이러한 차이의 검출 여부는 아주 엄격하게 논의해야 한다. 물론 그런 번거로움을 피하기 위해서 이 논법을 개발했다고 볼 수 있다. 그러나 극한값이 있을까 없을까는 직감적으로 판단할 수 있는 경우도 많이 있다. 그 경우는 "무한히 가까이 간다."고 하는 이해의 방법으로 충분하다. 중요한 것은 직감적인 이해를 넘어서 배후에 있는 제대로 된 수학적인 구조와 이론을 이해하는 것이다.

그렇다면 이것을 사용해서 미분 개념에 대해서 조사해 보도록 하자.

미분

함수 $y = f(x)$를 생각해 보자. x가 a부터 h만큼 변화했을 때 함수 y의 변화량 $f(a+h) - f(a)$를 만든다. 이것은 문자대로 x가 a부터 h

만큼 변했을 때 함수가 어느 정도 변화했는가를 나타내는 양이다.

일차함수에서 설명한 대로 x의 변화량과 y의 변화량의 비

$$\frac{f(a+h)-f(a)}{h}$$

가 일정한 값이 되는 것이 정비례 관계였다. 물론 일반 함수에서는 이 비가 일정하게 되는 것을 기대할 수 없다. 따라서 x의 변화량을 점점 작게 했을 때 다시 말하면 $h \to 0$이 된다고 했을 때 극한값

$$\lim_{h \to 0} \frac{f(a+h)-f(a)}{h}$$

을 생각해 보자. 이것이 일정한 값에 수렴할 때 그 값을 $f(x)$의 $x=a$에서의 미분계수라고 하고 $f'(a)$로 나타낸다. 또 모든 a에서의 미분계수를 가진 함수는 **미분가능**하다고 한다. 결국 미분가능한 함수는 x의 변화를 아주 작게 했을 때 국소적으로 정비례하는 함수로 보이게 하는 (정비례하는 함수와 차이를 찾아내기 어렵게 된다) 함수라는 것이다. 이 정비례하는 함수의 비례상수가 미분계수가 된다.

여기에서 a를 x로 바꾸면

$$\lim_{h \to 0} \frac{f(x+h)-f(x)}{h}$$

는 x의 새로운 함수가 되고 이것을 $f(x)$의 **도함수**導函數, derivative라고 하고

$$y' \text{ 혹은 } f'(x)$$

라고 쓴다. $f(x)$의 도함수란 x에서의 $f(x)$의 미분계수를 값으로 갖는 함수이다.

미분계수에 대해서 좀 더 생각을 해 보자.

이 계산을 알기 어려운 것은 아무래도 극한의 계산이기 때문이다. 그러나 극한이란 차이를 검출할 수 없다고 했으므로 검출할 수 없는 차이라고 무시하면 된다. 따라서 이 극한을 취하는 조작을 그만두게 된다. 그러나 그냥 그만둔다면 등호가 성립하지 않게 된다. 따라서 대체적으로 같다고 하는 기호 ≒를 사용해서 이 식을

$$\frac{f(a+h)-f(a)}{h} \fallingdotseq f'(a)$$

라고 쓴다. 다만 여기에서는 대략적으로 같다는 것을 "h를 점점 작게 했을 때 우변과 좌변의 차이를 검출할 수기 없게 된다."라는 의미로 사용한다.

이렇게 해서 기호 $\lim$가 없어졌기 때문에 이 식은 단순한 분수식이 되고 분모를 제거할 수 있다. 결국

$$f(a+h)-f(a) \fallingdotseq f'(a)h$$

가 된다. 상당히 간단한 식이 되었다. 이것을 다시 한 번 말로 풀어 보면 함수 $y=f(x)$가 $x=a$에서 미분가능일 때, "$x=a$ 근방에서 y의 변

화량 $f(a+h)-f(a)$는 x의 변화량 h에 (대체로) 정비례하고 그 비례상수가 $f'(a)$이다."

이것은 함수가 미분가능하다는 것이다. 앞에서 쓴 미분의 의미를 잘 표현하고 있는 것 같다. 함수 부분에서 보았듯이 정비례하는 함수는 가장 간단한 함수이며 그 활동 폭은 비례상수로 정해진다. 따라서 미분가능한 함수란 $x=a$ 근방에 있는 가장 간단한 함수라고 생각할 수 있다.

여기에서는 $(a, f(a))$를 원점으로 하고 비례정수가 $f'(a)$인 정비례하는 함수를 생각한다. 이 함수를 $x=a$에서의 함수 $y=f(x)$의 미분이라고 하고 새로운 변수기호 dy, dx를 사용해서

$$dy=f'(a)dx$$

라고 쓴다. $y=f(x)$이기 때문에 dy를 df라고도 쓴다. 이 기호는 매우 편리한 기호이지만 익숙하지 않으면 어렵게 느껴질지도 모른다. 간단한 주의 사항을 정리해 보면 다음과 같다.

1. 미분이란 함수 $f(x)$의 각 점 $(a, f(a))$에 대응해서 정해지는 미분이라는 이름의 정비례하는 함수이다. 다만 원점 $(a, f(a))$를 취하고 있다.

2. 새로운 변수 기호를 사용하는 이유는 원래 변수 x, y와 구별하기 위해서이다.

3. 미분이란 본질적으로 $x=a$를 정하고 나서야 정해지는 것이므로

함수 $f(x)$ 전체의 미분은 존재하지 않는다. 있는 것은 $x=a$에서의 미분이라는 국소적인 미분뿐이다.

4. 따라서 미분이란 도함수가 아니다. 그러나 도함수를 구하면 미분이 정해진다.

이렇게 말하긴 하지만 실제로 미분의 그래프는 고등학교에서 배운 $x=a$에서의 접선을 말한다. 그것을 미분이라는 이름으로 부르고 있는 것일 뿐이다.

그래프를 그려보면 다음과 같이 된다.

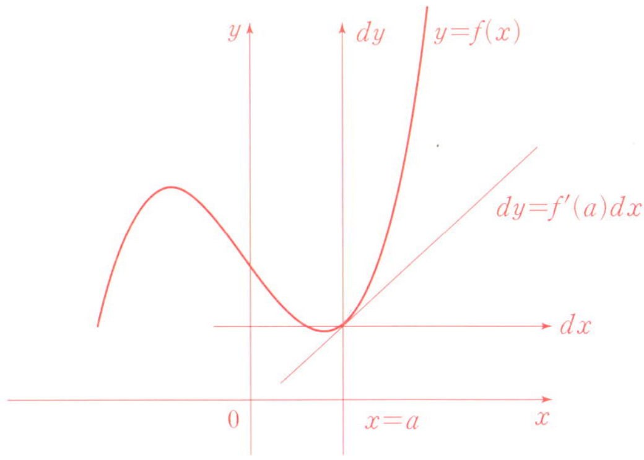

이 그림에서도 미분이 새로운 좌표축 dx, dy에 대해서 서술했던 함수 $y=f(x)$의 $x=a$에서의 접선이라는 것을 알 수 있다. 따라서 실제의 접선 방정식은 미분(이라는 이름의 정비례하는 함수)을 원래의 좌표축에 대해서 다시 쓰게 되기 때문에

$$y-f(a)=f'(a)(x-a)$$

가 된다.

그렇지만 미분이라는 이름의 새로운 함수에는 새로운 변수 dx, dy
를 도입했다. 이 새로운 변수의 도입 덕분에 미분을

$$dy = f'(x)dx$$

라고 써도 변수가 섞일 일이 없다. 이 식을 '$x=a$에서의'라는 말을 생
략하고 $f(x)$의 미분이라고 한다. 이것은 어디까지나 편의적인 것이므
로 주의를 기울여야 한다. 사실은 함수 전체의 미분이라는 것은 없다.
그러나 이 식에서 함수 $y=f(x)$의 $x=a$에서의 미분을 구하기 위해서
는 함수의 미분을 구하고 $x=a$를 대입하면 된다는 것을 알 수 있다.
게다가 기호 dx, dy는 단순한 변수기호이기 때문에 함수의 미분을 구
하기 위해서는 도함수 $f'(x)$를 구하면 된다는 것을 알 수 있다. 이렇
게 해서 미분의 계산기술에서는 도함수를 구하는 계산(이것을 **함수를
미분한다**고 한다)이 주인공이 된다.

도함수의 계산

지금까지 함수의 미분을 구하기 위해서는 결국, 도함수가 계산되면
된다는 것을 알게 되었다. 도함수의 계산은 크게 두 종류로 나뉜다.
하나는 함수의 사칙연산과 합성에 대해서 도함수를 구하는 계산이

풀지 않고 **읽는 수학**

어떻게 되는지의 문제이고 또 하나는 구체적인 초등함수에 대해서 도함수가 어떻게 되는지에 대한 것이다. 예를 들어 이야기하면 미분계산의 문법과 단어장이라고 할 수 있다. 그렇다면 처음에 문법을 조사해보자. 사실 미분의 문법은 간단해서 규칙은 세 가지밖에 없다. 좀 더 자세히 알아보자.

미분의 계산 법칙 1 : 문법론

1. 미분계산은 함수의 합에 대해서 선형성을 가진다. 즉,
(1) $(f(x)+g(x))'=f'(x)+g'(x)$
(2) $(af(x))'=af'(x)$

이 성질에서 $(f(x)-g(x))'=f'(x)-g'(x)$ 를 얻을 수 있다. 결국 가감산에 대해서 미분은 자연스럽게 덧셈 뺄셈을 할 수 있다.

2. 함수의 곱셈과 나눗셈에 대해서는 다음의 공식이 성립한다.
(1) $(f(x)g(x))'=f'(x)g(x)+f(x)g'(x)$
(2) $\left(\dfrac{f(x)}{g(x)}\right)'=\dfrac{f'(x)g(x)-f(x)g'(x)}{g^2(x)}$

곱셈 나눗셈에 대해서 미분은 별로 자연스럽지 않은 것 같다.

마지막에 함수의 합성에 대한 성질이 있다. 합성이란 다음과 같은 조작을 말한다. 함수 $y=f(x)$ 에 대해서 x 가 변수 t 의 함수 $x=g(t)$ 일

때, t를 변화시키면 x가 움직이고 그것에 따라서 y가 변화한다. 즉 x를 중개자로 한 t의 함수가 y라고 생각할 수 있다.

결국

$$y=f(x)=f(g(t))$$

가 된다. 이것을 함수의 합성이라고 하며 새로운 함수를 **합성함수**合成函數, composite function라고 한다.

이때 다음이 성립한다.

3. 합성함수 $y=f(g(t))$에 대해서 미분은

$$dy=f'(x)g'(t)dt$$

이다.

합성의 미분식은 어떤 의미에서 매우 자연스럽다. 그리고 개념만 본다면 이것이 함수의 '기능으로서의 곱셈'이라고 말해도 좋을 것이다. 보통 사용되는 함수의 곱셈은 결과로 얻어지는 함수 값의 곱셈이고 함수 기능의 곱셈은 아니다. 그러므로 미분이라는 연산은 함수의 기능으로서의 곱셈에 대해서는 자연스럽게 할 수 있다.

이들 세 규칙의 극한을 사용한 증명은 이 책에서는 다루지 않는다. 여기에서는 몇 가지에 대해서 미분 개념을 사용해서 설명하겠다.

1. $F=f+g$라고 한다. x가 dx만큼 변화할 때 f가 df만큼 변화하고 g가 dg만큼 변화하면 그것의 합인 어떤 함수 F는 $dF=((f+df)+(g+dg))-(f+g)=df+dg$만큼 변화한다. 여기에서 $df=f'dx$, $dg=g'dx$ 이므로 (이것이 미분이다!)

$$dF=df+dg=f'dx+g'dx=(f'+g')dx$$

가 되고 $dF=F'dx$ 이므로

$$F'(x)=f'(x)+g'(x)$$

가 된다.

2. $F=fg$라고 한다. x가 dx만큼 변화할 때 f가 df만큼 변화하고 g가 dg만 변화하면 그 곱인 함수 F는 $dF=(f+df)(g+dg)-fg=(df)g+f(dg)+(df)(dg)$만큼 변화한다. 여기에서 가장 마지막 항인 $dfdg$는 매우 작기 때문에 무시하자.

그러면 $df=f'dx$, $dg=g'dx$ 이므로 (이것이 미분이다!)

$$dF=(df)g+f(dg)=(f'dx)g+f(g'dx)=(f'g+fg')dx$$

가 되고 $dF=F'dx$이므로

$$F'(x)=f'(x)g(x)+f(x)g'(x)$$

이다. 마지막 항을 무시하고 만 것이 미분의 진면목을 볼 수 있는 것으로 검출할 수 없는 차이는 없는 것으로 한다는 것과 같은 맥락이다.

3. $y=f(x)$의 미분을 만들 때 $dy=f'(x)dx$인 한편 $x=g(t)$의 미분을 만들 때 $dx=g'(t)dt$가 된다. 따라서 이것을 대입하면

$$dy=f'(x)dx=f'(x)g'(t)dt$$

가 된다.

두 개의 정비례하는 함수 $y=ax$와 $x=bt$가 있을 때 y는 t의 ab배가 된다고 하는 것은 당연하다. b배하고 나서 a배하면 ab배가 된다! 합성함수의 미분은 결국 이것과 마찬가지라고 할 수 있다.

이상이 미분 연산의 문법이다. 이 문법을 사용해서 미분을 사용하려면 단어에 해당하는 것이 필요하다. 단어에 해당하는 것이 바로 초등함수의 도함수이다.

미분의 계산 법칙 2 : 단어편

일곱 종류의 초등함수에 대해서 그 도함수의 공식을 알아보기로 하자.

(1) $(x^\alpha)'=\alpha x^{\alpha-1}$

(2) $(e^x)'=e^x$

(3) $(\log x)' = \dfrac{1}{x}$

(4) $(\sin x)' = \cos x,\ (\cos x)' = -\sin x,\ (\tan x)' = \dfrac{1}{\cos^2 x}$

(5) $(\sin^{-1} x)' = \dfrac{1}{\sqrt{1-x^2}},\ (\cos^{-1} x)' = -\dfrac{1}{\sqrt{1-x^2}},$

$(\tan^{-1} x)' = \dfrac{1}{1+x^2}$

초등함수의 도함수를 계산하기 위한 기본 단어는 이것밖에 없다. 간단하게 설명하면 다음과 같다.

(1) $(x^\alpha)' = \alpha x^{\alpha-1}$가 있으면 문법과 조합하여 다항함수, 분수함수, 무리함수의 도함수를 계산할 수가 있다. 이 식에 대해서는 나중에 다시 한 번 생각해 볼 것이다.

(2) 지수함수 $f(x) = e^x$에 대해서는 $x=0$에서 접선의 기울기가 꼭 1 이 되는 것 같은 밑 e를 선택하면

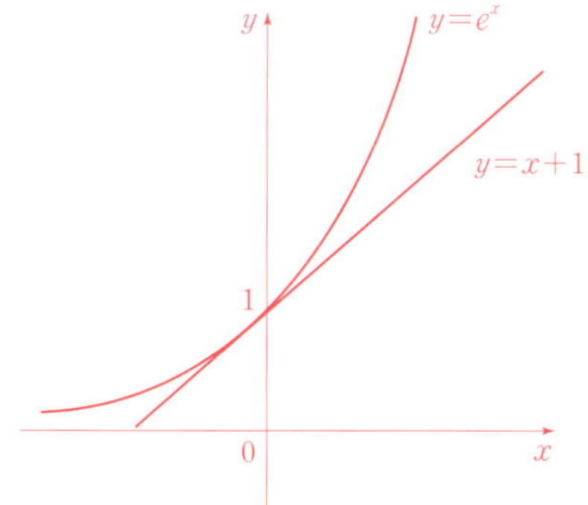

$$e^{x+h}-e^x=e^xe^h-e^x$$
$$=e^x(e^h-1)$$
$$=e^x(e^{0+h}-e^0)$$

이므로(지수법칙을 사용하고 있다는 것에 주의하자)

$$\lim_{h\to 0}\frac{e^{x+h}-e^x}{h}=e^x\lim_{h\to 0}\frac{e^{0+h}-e^0}{h}$$
$$=e^xf'(0)$$
$$=e^x$$

가 되어 지수함수는 미분해도 변하지 않는 함수라는 것을 알게 된다. $x=0$일 때의 접선의 기울기는 딱 1이 되는 것 같은 값이 존재하는 것을 엄밀하게 증명해야 한다. 여기에서는 그 증명을 생략한다. 이 e라는 수는 무리수로 $e=2.71828182745904\cdots$가 된다는 것을 알고 있다. 미적분에서는 지수함수와 로그 함수는 보통 밑 e를 사용한다.

(3) 로그 함수와 지수함수는 역함수이다. 미적분에서는 (2)의 지수함수의 역함수를 **자연 로그**라고 하고 $y=\log x$라고 쓴다. 결국

$$y=\log x \iff x=e^y$$

이다(제3장 참조).

e^y의 y에 대한 도함수가 e^y라는 것을 주의하면서 이 우변 함수의 미분을 만들면 (x와 y를 바꿔서 대입해도 미분은 마찬가지로 하면 된다)

$$dx = e^y dy$$

이다. 이것을 dy에 대해서 풀면

$$dy = \frac{1}{e^y} dx$$

이지만, $e^y = x$이므로 $dy = \frac{1}{x} dx$가 되어

$$(\log x)' = \frac{1}{x}$$

이다. 이 식을 사용하면 (1)을 증명할 수 있다.

$y = x^\alpha$의 양변에 로그를 취하면 $\log y = \log x^\alpha = \alpha \log x$가 된다. 양변을 미분하면

$$\frac{1}{y} dy = \alpha \frac{1}{x} dx$$

이기 때문에

$$dy = \alpha \frac{y}{x} dx$$
$$= \alpha \frac{x^\alpha}{x} dx$$
$$= \alpha x^{\alpha-1} dx$$

가 된다.

⑷ 삼각함수의 도함수는 다음의 그림에서 설명하도록 하자.

단위 원주 위의 $\angle POS = x$ 라디안이라고 하면 호 PS의 길이는 x 이고 $\angle PQR$도 x 라디안이다. $PQ = h$라고 하면 이것은 직선(접선)으로 보인다. P의 y좌표가 $\sin x$, Q의 y좌표가 $\sin(x+h)$이지만

$$\frac{\sin(x+h) - \sin x}{h} = \frac{QR}{QP}$$
$$= \cos x$$

가 된다. 두 개의 삼각형 $\triangle OPH$와 삼각형 $\triangle QPR$이 닮은꼴이 된다는 것이 포인트이다.

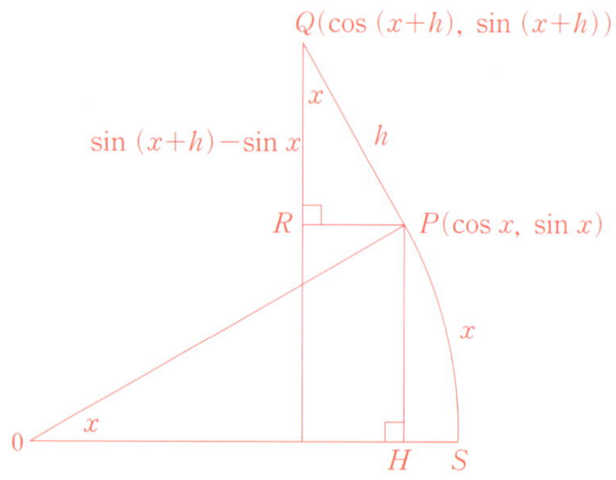

$\cos x$에 대해서도 마찬가지로 그림으로 도함수를 설명할 수 있다. 또 $\tan x$에 대해서는 문법편에서 말한 도함수의 공식을 사용해서 설명할 수 있다.

$\sin x$, $\cos x$의 도함수가 주기적으로 변화하고 있다는 것을 기억해

두길 바란다.

(5) 역삼각함수는 삼각함수의 역함수이기 때문에

$$y = \sin^{-1} x \iff x = \sin y$$

이었다. 이 우변을 미분하면 $dx = \cos y\, dy$ 이므로

$$dy = \frac{1}{\cos y} dx$$

이다. 미분이 y의 식으로 꼭 표현되어야 하는 것은 아니다. 그러므로 위의 식은 역삼각함수의 미분을 나타내는 식이지만 애써서 y를 x의 함수로 표현했기 때문에 미분의 식도 x로 표현하려고 한다.

$\sin^2 y + \cos^2 y = 1$ 이고 $x^2 + \cos^2 y = 1$ 이 되므로

$$\cos y = \pm\sqrt{1 - x^2}$$

이 된다. 그러나 여기에서 역삼각함수를 정의했을 때 $-\dfrac{\pi}{2} \leq y \leq \dfrac{\pi}{2}$ 라고 약속을 했다.

이 범위에서는 $\cos y \geq 0$ 이 되므로 $\cos y = \sqrt{1 - x^2}$ 이 되어

$$(\sin^{-1} x)' = \frac{1}{\sqrt{1 - x^2}}$$

을 얻을 수 있다. 마찬가지로

$$(\cos^{-1} x)' = \frac{1}{\sqrt{1-x^2}}, \quad (\tan^{-1} x)' = \frac{1}{\sqrt{1+x^2}}$$

을 얻을 수 있다.

초등함수의 도함수에 대한 기본 단어는 이것뿐이다. 나중에는 문법과의 조합에 따라 초등함수의 도함수 계산을 할 수 있고 미분 $dy = f'(x)dx$를 구할 수가 있다.

[예]

$y = \log x$의 $x = 100$에서의 미분을 구하라.

[해]

$dy = \left(\dfrac{1}{x}\right)dx$이므로 $x = 100$에서는 $dy = \left(\dfrac{1}{100}\right)dx$이다.

이 결과로부터 로그 함수는 $x = 100$에서 거의 변화하지 않는다는 것을 알 수 있다. 아마도 기울기가 $\dfrac{1}{100}$인 직선은 우리에게는 대부분 축에 평행한 직선으로 보일 것이다. 따라서 그 주변에서 x가 다소 움직인다고 하더라도 그 대수 $\log x$는 대부분 변하지 않는다.

이처럼 미분이라는 개념에서는 함수의 국소적인 변화량을 분석할 수가 있다. 그것이 최초에 큰 성과를 올린 것은 고등학교에서 다루는 함수의 극값 문제이다. 극값이란 그 부근에서 x가 변화해도 y의 값이 변화하지 않는 장소이다. 따라서 함수가 극값을 취한다는 점에서는 $dy = 0$이 성립한다. 미분의 의미에서는 그 점에서 함수의 값이 변화하지 않는 것을 나타낸다. 그렇지만 $dy=f'(x)dx$였기 때문에 이것은 $f'(x)=0$이 되는 점이라는 것이다. 이러한 점 근처를 분석함으로써 극값을 구할 수 있다는 것은 고등학교에서 배우는 미적분의 기본 테마이다.

그리고 미분이 하나의 큰 성과를 내 온 함수의 전개에 대해 이어서 생각해 보자.

테일러 급수 – 함수를 다항식으로 표현하다

앞 장에서 함수에 대해서 생각했을 때 초등함수 중에서 "실제로 계산할 수 있다."는 함수는 다항함수밖에는 없다고 이야기했다. 함수를 블랙박스로 생각하는 것은 매우 유효한 방법이지만 다항함수의 경우는 블랙박스가 아니다. 그리고 다항함수의 나눗셈 형태로 표현되는 분수함수도 함수의 값을 계산하는 것이 가능하다. 그러나 무리함수가 되면 실제의 수치를 계산하는 것이 조금 어려워진다. $\sqrt{2}$의 값이라면 대부분의 사람들은 $1.41421356\cdots\cdots$ 이라고 기억하고 있을 것이다. 하지만 예를 들어 $\sqrt[3]{2}$의 값을 바로 이야기할 수 있는 사람은 거의 없을 것이다. (실제로 $\sqrt[3]{2}=1.25992104\cdots\cdots$ 이다) 이것이 지수, 로그 함수와 삼각함수가 되면 더 어려워진다. 우리들은 보통 $\sin\left(\dfrac{\pi}{7}\right)$의 값은 알지도 못하고 계산하는 방법도 모른다. 그 의미에서 삼각함수는 정말 블랙박스이다. 단위원을 정확하게 그리고 측정할 수 있다는 말은 거짓이다. 결국 초등함수라고 해도 함수의 값을 계산할 수 있는 것은 다항함수밖에 없다.

테일러
(1685~1731)
영국의 수학자

그렇다면 지수함수와 삼각함수를 다항식으로 표현할 수 있을까? 수학자들은 이런 문제로 고민했다. 그리고 지수함수와 삼각함수를 다항식으로 표현할 수 있는 방법을 찾았다. 이것이 **테일러 급수** Taylor series(테일러 전개라고도 한다)이다.

다항함수는 그 계수를 알면 결정된다. 따라서 처음에 다항식의 계수가 어떻게 결정되는지를 고찰해 보기로 한다. 보통 다항식은 차수의 높은 항에서부터 쓰지만 몇 차 함수가 되는지 알 수 없다는 것을 감안해서 여기에서는 차수가 낮은 항부터 쓰기로 하고 다항식을

$$f(x) = a_0 + a_1 x + a_2 x^2 + a_3 x^3 + a_4 x^4 + a_5 x^5 + \cdots\cdots$$

라고 한다.

(1) 상수항은 x에 0을 대입하면 얻을 수 있다. x를 포함하고 있는 항은 모두 0이 되어 사라지고 없기 때문이다. 결국

$$a_0 = f(0)$$

이다.

풀지 않고 **읽는 수학**

(2) 일차함수의 항의 계수를 결정해 보자. 사실 매우 적당한 방법이 있다. 다항식 $f(x)$를 미분하면

$$f'(x)=a_1+2a_2x+3a_3x^2+4a_4x^3+5a_4x^4+\cdots\cdots$$

이기 때문에 x에 0을 대입하면 마찬가지로

$$a_1=f'(0)$$

이다. 이것으로 대충 구조를 알게 되었다. 다시 한 번 미분을 하면

$$f''(x)=2a_2+3\cdot2a_3x+4\cdot3a_4x^2+5\cdot4a_5x^3\cdots\cdots$$

이기 때문에 $x=0$을 대입하면

$$a_2=\frac{f''(0)}{2}$$

이나. 아래의 이 방법을 계속해서 $f(x)$를 n회 미분한 함수를 $f^{(n)}$이라고 쓰면

$$a_n=\frac{f^{(n)}(0)}{n!}$$

을 얻을 수 있다. 분모의 $n!$은 미분할 때마다 지수가 하나씩 앞에 오도록 하는 것에서 나온다. 결국, 다항식 $f(x)$의 계수는 다항식을 몇 회에 걸쳐 미분하여 $x=0$에서의 값을 계산하면 된다.

따라서 다항식 함수 $f(x)$에 대해서

$$f(x)=f(0)+f'(0)x+\frac{f''(0)}{2}x^2+\frac{f'''(0)}{3!}x^3+\cdots\cdots$$

가 된다.

이상의 이야기는 다항함수에 대해서 성립하지만 사실 일반 함수에 대해서도 마찬가지의 식이 성립한다. 이것을 테일러 급수라고 한다.

이 정리는 이상하게도 증명이 간단하다. 따라서 처음에는 일반론부터 설명해 보자.

 테일러 급수 (ver.1)

> 몇 번이나 미분할 수 있는 함수에 대해서
>
> $$f(b)=f(a)+f'(a)(b-a)+\frac{f''(a)}{2!}(b-a)^2+$$
>
> $$\frac{f'''(a)}{3!}(b-a)^3+\cdots\cdots+\frac{f^{(r)}(a)}{r!}(b-a)^r+\cdots\cdots+\frac{f^{(n)}(c)}{n!}(b-a)^n$$
>
> 이 되는 $c\,(a<c<b)$가 있다.

이 정리는 롤의 정리에 대한 일반화로 생각할 수 있다. 실제로 테일러의 정리에 대한 증명은 롤의 정리 그 자체이므로 롤의 정리를 복습해 둔다.

 롤의 정리 (Rolle's theorem)

> 미분할 수 있는 함수에 대해서 $f(a)=f(b)=0$이라면 $f'(c)=0$ 이 되는 $c\,(a<c<b)$가 있다.

고등학교에서는 보통 이 정리를 x축에서 출발해서 x축으로 돌아가는 곡선에는 반드시 산의 정상이 있다는 그림을 사용하는 직관적인 증명을 하고 있다. 세밀한 증명은 여기에서는 생략하고 그 대신에 이 정리의 물리적인 내용을 설명하기로 한다.

이것이 롤의 정리 내용이다. 이 경우 $f(x)$는 열차의 속도를 나타내는 함수이고 그 도함수가 가속도이다. 실제도 가속도가 플러스인 상태로 있으면 열차의 속도는 계속 빨라진다. 마지막에 정차하려면 어딘가에서는 가속도가 마이너스가 된다. 그러므로 어딘가에서는 가속도가 0이 되는 순간이 있다.

이것이 롤의 정리의 물리학적 내용이다. 그렇다면 실제로 가속도가 0이 되는 순간은 언제일까? 유감스럽게도 보통은 그 시간을 지정할 수 없다. 그러나 다음 사실은 알 수 있다. 가속도가 0이 되는 것이 열차가 최고 속도를 낸 순간이라는 것이다. 왜 그럴까? 가속도는 속도의 변화율(속도를 미분한 것)이라는 것을 이해하면 된다.

결국, 최대 속도를 낸 순간에 가속도가 플러스라면 다음 순간에 좀 더 속도를 내게 될 것이다. 그렇지 않고 가속도가 마이너스라면 바로 전에는 속도가 더 빨랐을 것이다. 이것이 가속도가 속도의 변화율이라는 말의 의미이다. 양쪽 다 그 순간이 최대의 속도는 아니다. 따라서 최대 속도를 낸 순간에 가속도는 0이 된다. 실제로 롤의 정리의 수학적인 증명은 $f(x)$가 최댓값을 가진다는 것을 사용해서 증명하지만 그것은 이러한 물리적인 상황을 배경으로 한다.

한편 이런 롤의 정리를 사용하면 테일러의 정리는 쉽게 증명한다.

테일러 급수 증명 ver.1

$$F(x)=f(b)-\left\{f(x)+f'(x)(b-x)+\frac{f''(x)}{2!}(b-x)^2\right.$$

$$\left.+\frac{f'''(x)}{3!}(b-x)^3+\cdots\cdots+\frac{f^{(r)}(x)}{r!}(b-x)^r+\cdots\cdots\ k(b-x)^n\right\}$$

으로 해 둔다. $F(b)=0$이다. 여기에서 정수 k를 $F(a)=0$이 되도록 선택해 둔다. 그러면 롤의 정리에 따라서

$$F'(c)=0$$

이 되는 c가 있지만 계산을 하면(이 계산은 어렵지는 않지만 좀 번잡하다! 위의 도함수를 차례차례 계산하면 된다)

$$F'(x)=-\frac{f^{(n)}(x)}{(n-1)!}(b-x)^{n-1}+nk(b-x)^{n-1}$$

이 되고 $F'(c)=0$에 따라서

$$k=\frac{f^{(n)}(c)}{n!}$$

가 된다. 여기에서 이 k에 대해서 $f(a)=0$이기 때문에 구하는 식을 얻을 수 있다.

어떻게 할 수 없을 것 같은 복잡한 함수에 대해서 롤의 정리를 사용한 것뿐이다. 이 식에서 $a=0$, $b=x$라고 하면 우리들이 원했던 다음의 정리를 얻을 수 있다.

 테일러 급수 증명 ver.2

> 몇 번이나 미분할 수 있는 함수에 대해서
>
> $$f(x)=f(0)+f'(0)x+\frac{f''(0)}{2!}x^2+\frac{f'''(0)}{3!}x^3+\cdots\cdots$$
>
> $$+\frac{f^{(r)}(0)}{r!}x^r+\cdots\cdots+\frac{f^{(n)}(c)}{n!}x^n$$
>
> 이 되는 $c\,(a<c<b)$가 있다.

마지막 항의 c는 x에 따라서 결정된다. 결국 x의 함수이기 때문에 유감스럽지만 이 식은 다항식이 아니다. 마지막 항은 $f(x)$와 다항식과의 차이를 나타내는 항으로 **잉여항**剩餘項이라고 한다. 그러나 만일 $n \longrightarrow \infty$라고 할 때 잉여항이 0으로 수렴하면 결국 이 무한히 커지는 다항식과 $f(x)$와의 차이를 찾을 수 없게 된다. 이것을 ⋯⋯ 사용해서

$$f(x)=f(0)+f'(0)x+\frac{f''(0)}{2!}x^2+\frac{f'''(0)}{3!}x^3+\cdots\cdots$$

으로 쓸 수가 있고 $f(x)$를 무한차원의 다항식으로서 표시할 수 있다.

이것을 **매클로린의 정리**라고 하고
함수를 이처럼 무한 차원의 다항
식으로 나타내는 것을 **매클로린
의 급수**Maclaurin's series라고 한
다. 매클로린의 정리는 블랙박스

매클로린
(1698~1746)
스코틀랜드의
수학자

인 함수 $f(x)$의 구조를 알기 쉬운 화이트박스로 만들어 준다고 해도
좋을 것이다. 이 정리는 매우 강력한 정리이다. 실제로 많은 초등함수
가 이 정리를 사용해서 그 구조를 볼 수 있게 되었다.

그렇다면 실제로 함수를 분해해서 구조를 해명해 보도록 하자.

 ## 초등함수의 급수

(1) 지수함수 $y = e^x$

매클로린의 급수를 통해 함수의 구조를 보는 것이 쉬워져서 결국 몇
번이나 미분을 한 함수의 원점에서의 값을 알게 된다. 지수함수 $y = e^x$
는 미분해도 변하지 않는 함수였다.

그러므로

$$(e^x)^{(n)} = e^x$$

가 되어 $f^{(n)}(0) = e^0 = 1$이다. 따라서 지수함수 e^x를 전개하면

풀지 않고 **읽는 수학**

$$e^x = 1 + x + \frac{1}{2!}x^2 + \frac{1}{3!}x^3 + \frac{1}{4!}x^4 + \cdots\cdots$$

가 된다. 이것이 지수함수의 구조이다. 지수함수의 경우는 어떤 x에 대해서도 $n \to \infty$가 되면 잉여항이 0에 수렴하는 것으로 알려져 있다. 예를 들어 $\sqrt{e}$의 값을 계산하면 $x = \dfrac{1}{2}$을 대입해서 적당한 항(예를 들어 4승의 항)까지 계산하면

$$\sqrt{e} = 1.6476\cdots\cdots$$

을 얻을 수 있다. 좀 더 정밀하게 구하려고 한다면 조금 앞의 항까지 계산하면 된다.

(2) 삼각함수 $y = \sin x$, $y = \cos x$

삼각함수의 도함수는 4주기로 다음처럼 변화해 왔다. 예를 들어 $\sin x$에서 출발하면

$$\sin x,\ (\sin x)' = \cos x,\ (\sin x)'' = -\sin x,$$
$$(\sin x)''' = -\cos x,\ (\sin x)'''' = \sin x$$

가 되어 네 번 미분하면 원래의 $\sin x$로 되돌아간다. 그러므로 그것에 대응하여 $\sin x$의 도함수의 값도

$$\sin 0 = 0,\ \cos 0 = 1,\ -\sin 0 = 0,\ -\cos 0 = -1$$

의 0, 1, 0, -1을 4주기로 반복한다. 이것으로부터 $\sin x$의 전개를 얻

을 수 있다.

$$\sin x = x - \frac{1}{3!}x^3 + \frac{1}{5!}x^5 - \frac{1}{7!}x^7 + \cdots\cdots$$

똑같은 식으로 $\cos x$의 전개도 얻을 수 있다.

$$\cos x = 1 - \frac{1}{2!}x^2 + \frac{1}{4!}x^4 - \frac{1}{6!}x^6 + \cdots\cdots$$

이것이 삼각함수의 구조이다. 정말 깔끔하다. 이것으로 제3장에서 생각한 문제의 답이 나왔다. 이 식을 사용하면 예를 들어 $\sin 1$의 값을 계산하는 것이 가능하다.

$$\sin 1 = 1 - \frac{1}{3!} + \frac{1}{5!} - \frac{1}{7!} + \cdots\cdots = 0.81472\cdots\cdots$$

삼각함수의 경우도 잉여항은 0에 수렴한다고 알려져 있다. 대수함수, 역삼각함수도 조금만 조건을 만들면 전개할 수 있고 함수 값을 계산할 수 있게 된다.

(3) 로그 함수 $y = \log(x+1)$

로그 함수의 경우는 $x=0$을 대입할 수가 없다. 그래서 1만큼 왼쪽으로 평행이동한 함수를 전개한다. 유감스럽지만 잉여항이 모두 x에 대해서 0으로 수렴된다고는 말할 수 없고 x에 $-1 < x < 1$이라는 조건이 붙는다.

$$\log(x+1) = x - \frac{1}{2}x^2 + \frac{1}{3}x^3 - \frac{1}{4}x^4 + \cdots\cdots \quad (-1 < x < 1)$$

풀지 않고 **읽는 수학**

(4) 역삼각함수 $y = \sin^{-1} x$

역삼각함수의 예로 $\sin^{-1} x$의 전개를 해 보자.

$$\sin^{-1} x = x + \frac{1}{6}x^3 + \frac{3}{40}x^5 + \cdots\cdots \quad (-1 \le x \le 1)$$

유감스럽지만 로그 함수와 역삼각함수는 모든 x의 다항식으로 나타낼 수 없고 x의 범위에 제한을 두고 있다는 것에 주의해야 한다. 그렇지만 이들 함수가 전개할 수 있다는 것은 정말 중요하다.

이처럼 미분을 사용한 **테일러 급수**는 함수의 구조를 아는 데 굉장히 도움이 된다. 그렇다면 어떤 함수라도 이렇게 하면 블랙박스 속을 보는 것이 가능할 것인가?

"몇 번이고 미분을 할 수 있는 함수는 모두 전개할 수 있다."는 이 말은 굉장히 거친 표현이다. 몇 번이나 미분할 수 있는 함수라도 잉여항, 결국 $f(x)$라는 다항식과의 차이를 나타내는 항이 0으로 수렴이 되지 않으면 전개할 수 없다. 그 의미에서는 다항식(무한급수)으로 전개할 수 있는 함수는 정말 지극히 한정되어 있고 대부분의 함수는 전개할 수 없다고 생각해야 한다. 그러나 위에서 설명한 것처럼 중요한 초등함수는 x의 범위에 제한을 둔다고 하지만 모두 전개가 가능하다. 이것은 우리에게 정말 큰 행운이었다. 어떻게 그렇게 되었는가 하면 그것은 수학이라는 학문의 성격에 속하는 문제가 아니라 이 세계의 성립 문제이다. 초등함수는 우리 주변의 세계 속에서 나오는 함수이다. 자연이 잘 만들어졌다는 말이 어떤 울림으로 들리지 않는가?

이상으로 초등함수의 구조에 대한 해명을 마친다. 보통 미분은 함수의 극값을 구하는 데 사용한다. 그것은 매우 중요하지만 여기서 소개한 함수의 전개도 거기에 못지않게 정말 중요하다.

마지막으로 함수의 전개를 사용해서 알 수 있는 재미있는 정리를 소개한다.

지수함수의 전개

$$e^x = 1 + x + \frac{1}{2!}x^2 + \frac{1}{3!}x^3 + \frac{1}{4!}x^4 + \cdots\cdots$$

의 x에 ix를 대입해 보자. 다만 i는 허수단위로 $i^2 = -1$이다.

i의 거듭제곱이

$$i^0 = 1,\ i^1 = i,\ i^2 = -1,\ i^3 = -i,\ i^4 = 1,\ \cdots\cdots$$

과 4주기로 반복된다는 것에 주의하자. 그러면

$$e^{ix} = 1 + ix + \frac{1}{2!}(ix)^2 + \frac{1}{3!}(ix)^3 + \frac{1}{4}(ix)^4 + \cdots\cdots$$

$$= 1 + ix + \frac{1}{2!}i^2x^2 + \frac{1}{3!}i^3x^3 + \frac{1}{4!}i^4x^4 + \cdots\cdots$$

$$= 1 + ix - \frac{1}{2!}x^2 - \frac{1}{3!}x^3 + \frac{1}{4!}x^4 + \cdots\cdots$$

가 된다. 복소수의 표기에 맞춰서 실수 부분과 허수 부분을 나누어 쓰면

$$e^{ix} = \left(1 - \frac{1}{2!}x^2 + \frac{1}{4!}x^4 - \cdots\cdots\right) + i\left(x - \frac{1}{3!}x^3 + \frac{1}{5!}x^5 - \cdots\cdots\right)$$

가 된다. 이 실수 부분, 허수 부분을 잘 보면 이것은 $\cos x$, $\sin x$의 전개식과 같다. 따라서 다음에 오일러의 정리가 성립한다.

정리 오일러의 정리 Euler's theorem

$$e^{ix} = \cos x + i \sin x$$

이 식은 정말 이상하게도 깔끔하게 정리가 된 형태이다. 허수의 세계에서 지수함수와 삼각함수는 같은 부류라는 것이 알려졌다. 이 사실 하나만 놓고 보아도 허수

오일러
(1707~1783)
스위스의 수학자

가 어느 정도로 중요한 것인지 알 수가 있다. 삼각함수는 주기적인 변화, 파동의 세계를 분석하는 도구로, 지수함수는 일정한 비로 증가 감소하는 세계를 나타내는 함수이다. 이런 함수들이 같은 부류라니 얼마나 마법 같은 일인가?

이 우변의 식을 어딘가에서 본 것 같은 기억이 있지 않은가? 그렇다. 이 식은 제1장 복소수를 설명할 때 나온 복소수의 극형식 표시와 같다.

절댓값이 r, 편각이 x인 복소수는 극형식에서 $r(\cos x + i \sin x)$라고 썼다. 결국 이 복소수는

$$z = re^{ix}$$

라고 쓸 수 있다. 복소수의 극형식 표시는 결국, 지수의 형태로 복소수를 나타내는 것과 같다.

　오일러의 정리는 매우 많은데 이제부터 이것들을 알게 된다. 오일러의 정리에서 이끌어 낸 결과를 몇 개 소개한다.

$$e^{i\alpha} = \cos\alpha + i\sin\alpha$$
$$e^{i\beta} = \cos\beta + i\sin\beta$$

　이 식의 변변을 각각 곱하면

$$e^{i\alpha} \cdot e^{i\beta} = (\cos\alpha + i\sin\alpha)(\cos\beta + i\sin\beta)$$

가 된다. 좌변은 지수 법칙에 따라서

$$e^{i\alpha} \cdot e^{i\beta} = e^{i\alpha + i\beta}$$
$$= e^{i(\alpha+\beta)}$$
$$= \cos(\alpha+\beta) + i\sin(\alpha+\beta)$$

이다. 한편, 우변은 $i^2 = -1$라는 점에 주의를 하면서 전개하면

풀지 않고 읽는 수학

$$(\cos\alpha+i\sin\alpha)(\cos\beta+i\sin\beta)$$
$$=(\cos\alpha\cos\beta-\sin\alpha\sin\beta)+i(\sin\alpha\cos\beta+\cos\alpha\sin\beta)$$

가 된다. 실수 부분, 허수 부분을 비교해서

$$\cos(\alpha+\beta)=\cos\alpha\cos\beta-\sin\alpha\sin\beta$$
$$\sin(\alpha+\beta)=\sin\alpha\cos\beta+\cos\alpha\sin\beta$$

라는 **삼각함수의 덧셈정리**를 얻을 수 있다. 결국, 덧셈정리는 복소수 세계에서의 지수법칙이다.

다음으로

$$e^{ix}=\cos x+i\sin x$$

의 x에 $-x$를 대입하면

$$e^{-ix}=\cos(-x)+i\sin(-x)$$

가 된다. $\cos(-x)=\cos x$, $\sin(-x)=-\sin x$라는 것을 주의해서 보면

$$e^{-ix}=\cos x-i\sin x$$

가 된다. 이 두 개의 식을 더하면

$$e^{ix}+e^{-ix}=2\cos x$$

이기 때문에

$$\cos x=\frac{e^{ix}+e^{-ix}}{2}$$

가 된다. 이렇게 삼각함수를 허수를 사용해서 지수함수로 나타낼 수 있다. 마찬가지로

$$\sin x=\frac{e^{ix}-e^{-ix}}{2i}$$

가 된다. 여기에서 허수 i는 $i^2=-1$이 되는 정수(定數)에 지나지 않는다는 것을 강조해 두고 싶다.

또 하나 오일러의 정리에 $x=\pi$를 대입하면

$$e^{i\pi}=-1$$

이라는 정말로 걸작이라고 할 수밖에 없는 식이 나온다. 두 개의 초월수 π, e와 허수단위 i와의 사이에는 이런 신비한 관계가 있다. 이 식도 **오일러의 공식**이라고 말한다.

우리가 허수에 왠지 모를 위화감을 가지는 것은 허수와 친하지 않기 때문이다. 아마도 처음에 분수와 소수를 만났던 초등학생들도 분수와

소수에 대해서 비슷한 느낌이 있을 것이다. 그러나 그 계산에 익숙해져서 분수, 소수와 친해지면 그 위화감은 점점 해소되어 지극히 당연한 수로 보인다. 허수도 마찬가지이다. 오일러의 공식 등을 통해서 허수의 계산에 익숙해지면 허수가 얼마나 유용한 수인지가 보일 것이다. 더불어서

$$i^i = e^{-\frac{\pi}{2}}$$

가 된다. 이 식도 오일러의 공식이다. 조금 생각해 보길 바란다.

또 하나 오일러의 공식에서 나온 **드 므와브르의 정리**라고 하는 아주 중요한 정리가 있지만 그것은 다음 장에서 작도하면서 소개한다.

수학사적으로는 미분의 개념이 나타나기 훨씬 더 전 고대 그리스 시대의 아르키메데스에게서 적분이라는 개념의 맹아가 싹텄다. 미분과 비교하면 적분이 훨씬 더 오랜 역사를 갖고 있다고 할 수 있다. 가늘게 자른 것을 합쳐서 전체의 양을 구하는 것이 적분의 원시적인 개념이라고 한다면 아르키메데스가 생각한 포물선으로 둘러싸인 부분의 면적을 구하는 것을 적분이라고 말해도 좋을 것이다. 아르키메데스는 포물선으로 둘러싸인 부분의 면적을 무한개의 삼각형으로 나누어서 구하려고

했다. 그러나 아르키메데스가 놓쳤던 것은 적분이 미분의 역연산이 된다고 하는 개념이었다. 미분과 적분은 서로 역의 관계이다. 이것을 **미적분의 기본정리** fundamental theorem of calculus라고 한다. 이 개념이 근대적인 미적분의 기초를 뒷받침하고 있다. 아르키메데스가 그만큼 고민하면서 구했던 포물선으로 둘러싸인 부분의 면적을 지금은 평범한 고등학생이 아주 쉽게 구할 수 있게 되었다. 이것은 수학이라는 형식이 가진 위력이 미적분의 기본정리에 훌륭하게 구현되었기 때문이다. 이른바 기계적인 계산이 가진 위력이라고 해도 좋다. 그러나 미분을 접선, 적분을 면적이라고 생각하면 왜 서로 역의 관계가 되는지가 잘 보이지 않는다. 기계적인 계산은 가능해도 그 의미하는 것은 잘 모른다.

그래서 여기서는 이 미적분의 기본정리에 초점을 맞춰서 적분이란 무엇인가 그리고 어떻게 해서 그것이 미분의 반대가 되는지를 설명하려고 한다.

아르키메데스
(B.C.287~B.C.212)
그리스의 수학자

 **적분**

곡선 $y=f(x)$와 x축으로 둘러싸인 부분의 '부호 붙은' 넓이를 생각해 보자. 이것을 함수 $f(x)$의 a에서 b까지의 적분이라고 한다. '부

호 붙은'의 의미는 그래프가 x축의 아래에 있는 경우는 넓이를 마이너스라고 생각한다는 것이다. 적분이 '부호 붙은' 넓이를 나타내는 수치라는 것에 주의해야 한다.

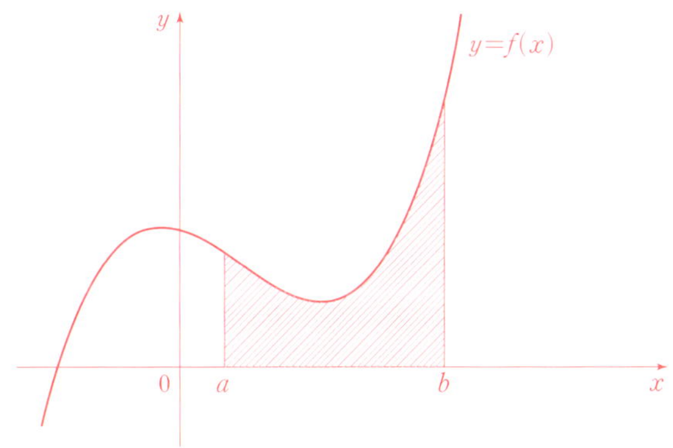

또 하나 적분은 함수만으로 결정되는 것이 아니라 적분하는 장소, 지금의 경우는 a에서 b까지의 구간을 결정해야 비로소 정해진다. 이 사실에 주의할 필요가 있다. 이것은 적분의 성질과 매우 깊이 관련되어 있다.

$y=f(x)$와 x축의 $a \leqq x \leqq b$로 둘러싸인 부분의 면적을 생각해 보자. 이 부분을 작은 직사각형으로 분할해서 그 직사각형의 면적 모두를 더하는 것으로 전체의 면적을 구하도록 하는 것, 이것이 근대적인 적분 계산의 기본 아이디어이다.

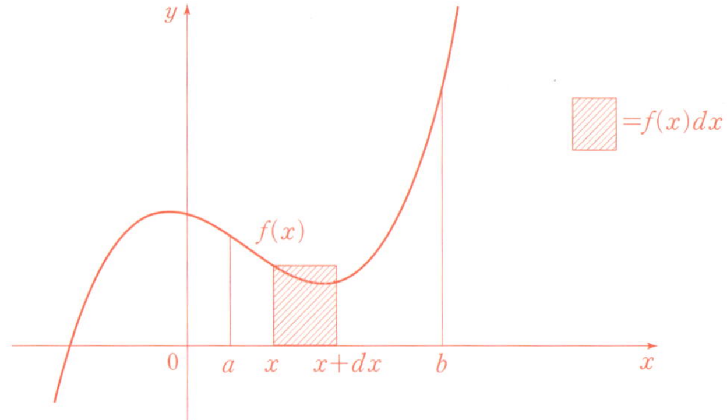

지금 x지점에서 밑변의 길이는 dx, 높이가 $f(x)$인 직사각형을 생각하자. 물론 이 직사각형의 면적은 $f(x)dx$이다. 이처럼 작은 직사각형의 면적을 a에서 b까지 전부 더하면 구하는 면적(근삿값)이 나오지만 직사각형 밑변의 길이 dx를 계속 짧게 해 나가면 이 근삿값과 진짜 면적과의 오차는 검출되지 않을 수 있다(극한의 가장 기본적인 개념). 이렇게 해서 면적이 구해진다. 이것을

$$\int_a^b f(x)\,dx$$

라고 쓴다.

여기에서는 dx는 어떤 x를 기점으로 해서 x가 어느 정도 움직이는지를 나타내는 새로운 변수로 이것은 미분에서 설명했던 x의 미분 dx와 같다.

그런데 이 작은 직사각형의 면적은 $f(x)dx$이다. 이 형식을 어디선

풀지 않고 **읽는 수학**

가 본 것 같지 않은가? 좀 알기 어렵다면 $f(x)$를 구체적인 함수로 바꿔 보자.

$$x^2 dx$$

를 예로 들어 보자. 이것은 함수 $f(x)$의 미분이라고 부르는 dx에 대한 정비례하는 함수와 같다. 결국 위의 식에서 $y=\dfrac{1}{3}x^3$에 대해서

$$dy = x^2 dx$$

가 된다. 일반적으로 함수 $y=F(x)$에 대해서 $F'(x)=f(x)$이기 때문에

$$dy = F'(x)dx = f(x)dx$$

가 된다. 이것이 미적분 기본정리의 핵심이다.

이런 결과가 나오는 이유는 작은 직사각형의 면적을 나타내는 식 $f(x)dx$는 어떤 함수 $y=F(x)$의 미분 dy가 되기 때문이다. 바꾸어 말하면 $f(x)dx$라는 식이 직사각형의 면적과 어떤 함수의 미분이라는 두 개의 해석(의미)을 갖고 있다는 것이다. 미분이라는 개념을 도입해 둔 효과이다. 따라서 작은 직사각형의 면적을 모두 더한다는 것은 미분 dy를 a에서 b까지 모두 더한다는 것이 된다.

그렇다면 미분 dy는 도대체 어떤 것이었을까?

그것은 함수 $y=F(x)$의 변화량인

$$F(x+dx)-F(x)$$

의 근삿값이다. 따라서 함수의 변화량 dy를 a에서 b까지 더하면 각각의 점에서의 변화량의 총합, 즉 $F(x)$의 a에서 b까지의 변화량이 나온다. $F(x)$의 a에서 b까지의 변화량이란 $F(b)-F(a)$와 같다. 따라서

$$\int_a^b f(x)dx=F(b)-F(a)$$

가 된다. 이것이 **미적분의 기본정리**이다. 우변은 함수 $F(x)$의 a에서 b까지의 변화량이 된다는 것에 주의하자.

따라서 적분 계산을 하기 위해서는 미분해서 $f(x)$가 되는 함수의 $F(x)$를 구하면 된다. 이 함수를 $f(x)$의 **원시함수**原始函数, primitive function라고 하고 원시함수를 구하는 것을 이 책에서는 **적분**積分, integral한다고 한다.

이상 살펴봤듯이 $f(x)$의 a에서 b까지 적분의 값을 구하려면 $f(x)$의 원시함수(이것을 **부정적분**이라고 해도 된다)를 구하면 된다는 것을 알게 되었다. 보통은 원시함수를

풀지 않고 **읽는 수학**

$$\int f(x)dx$$

라는 기호로 표시한다.

　얼마나 대단한가? 아르키메데스가 심혈을 기울여서 포물선으로 둘러싸인 부분의 면적을 구하려고 했는데 반해 우리들은 특별한 기교를 생각하지 않아도 원시함수를 구하는 계산에 따라서 적분의 값을 구할 수 있다. 그렇다면 그 원시함수는 어떻게 구하면 좋을까?

원시함수

　적분 조작에 대해서 생각했을 때 미분을 문법론과 단어론으로 나누어서 살펴보았다. 문법론에서는 다섯 개의 법칙으로 설명했고 단어론에서는 초등함수의 도함수만 계산하면 나중에는 어떤 식으로든 초등함수를 미분할 수 있다고 설명했다. 그렇다면 적분은 어떨까?

　(1) 적분의 문법

　미분의 문법을 거꾸로 하면 적분의 문법이 된다. 예를 들어서

$$\int (f(x)+g(x))dx=\int f(x)dx+\int g(x)dx$$

이다. 함수의 합의 원시함수를 구하려면 각각의 원시함수를 구하면

된다.

　그런데 이 방식을 곱의 미분 공식에 대입하면

$$\int f(x)g'(x)dx=f(x)g(x)+\int f'(x)g(x)dx$$

를 얻을 수 있다. 이것을 **부분적분**部分積分, integration by parts**의 공식**이라고
한다. 그렇지만 이 공식은 합의 공식과는 좀 다르다. 자세히 관찰을 해
보면 이 공식은 $f(x)g'(x)$의 원시함수를 구하기 위해서는 $f'(x)g(x)$
의 원시함수를 구하면 된다고 되어 있다. 곱의 인자 $f(x)$와 $g'(x)$의
원시함수를 구하려면 곱 $f(x)g'(x)$의 원시함수를 구해야 한다는 점
에 충분히 주의해야 한다. 미분할 때에는 곱의 인자 함수의 도함수를
구하면 $f(x)g(x)$의 도함수를 구할 수 있었다. 따라서 적분의 계산은
미분을 계산할 때처럼 기계적인 공식에 대입할 수 없다. 몫의 미분공식
도 거꾸로 보고 적분의 공식에 다시 써 넣을 수 있지만 부분적분의 공
식과 달리 실용성이 적어서 보통 공식이라고 하지 않는다. 시험 삼아
기계적으로 써 보면

$$\int \frac{g'(x)}{f(x)}dx=\frac{g(x)}{f(x)}+\int \frac{f'(x)g(x)}{f^2(x)}dx$$

가 된다. 이 공식에서 좌변을 구하기 위해서는 우변을 구하면 된다. 그
냥 봐도 실용성이 전혀 없다는 것을 알게 될 것이다.

　결국, 적분의 문법공식은 기계적으로 대입해서 계산할 수 있는 성질

풀지 않고 **읽는 수학**

의 것이다. 이것은 미분 공식과는 전혀 다른 점으로 거꾸로 하는 계산이 순차적인 계산보다 훨씬 더 어렵다는 단적인 예이다.

(2) 적분의 단어

그렇다면 초등함수의 원시함수는 어떨까? 다항함수는 합의 공식과 다음의 공식을 사용해서 원시함수를 구할 수가 있다.

$$\int x^{\alpha} dx = \frac{1}{\alpha+1} x^{\alpha+1} 1 \ (a \neq -1)$$

$$\int \frac{1}{x} dx = \log x$$

이 두 개의 공식과

$$\int \frac{1}{1+x^2} dx = \tan^{-1} x$$

를 사용하는 모든 분수함수가 적분할 수 있다는 것을 증명한다(이 책에서 증명은 생략하겠다).

그렇지만 무리함수가 되면 이미 초등함수의 범위에서는 적분할 수 없는 것이 나타난다. 이것들을 **타원적분**이라고 한다. 일반적으로 지수함수, 로그 함수, 삼각함수, 역삼각함수를 포함한 함수는 거의 대부분 모든 초등함수의 범위 내에서는 적분할 수 없다. 이것은 좀 이상한 일이라고도 볼 수 있다. 고등학교에서 배우는 이들 함수 모두를 적분할 수 없는 것은 아닐까? 그러나 수학적으로 보면 이들 함수는 초등함수 전체에서 보면 거의 없다고 할 정도의 양밖에 없다. 참고로 초등함수의 범위 내에서 적분할 수 없는 간단한 함수를 예를 들어 보자.

$$\frac{e^x}{x},\ \frac{\sin x}{x},\ e^{x^2},\ \frac{\log x}{x+1}$$

이것들은 모든 초등함수의 범위 내에서는 원시함수를 가지지 않는다.

미적분의 기본정리는 미분과 적분의 관계를 나타내는 매우 중요한 정리이다. 그러나 실용이라는 측면에서 보면 거의 모든 초등함수는 원시함수를 구할 수 없다는 큰 결점이 있다. 결점이라고 말하는 것이 너무 심한 것 같은 느낌이 들기도 한다. 그래서 좀 변명을 하자면 $f(x)$가 연속함수라면 적분하는 구간 $[a,\ b]$ 위에서 그 원시함수는 반드시 존재한다. 문제는 초등함수 중에 존재하지 않는다는 것이다. 그러나 적분은 미분보다도 아주 소박한 생각에서 시작되었다. 그러므로 예를 들어 원시함수를 구하지 않아도 적분의 값은 계산할 수 있다. 이것은 적분을 생각할 때 항상 고려해야 하는 중요한 사실이다.

증명 / 『원론』의 공리 / 평행선의 공리 /
비유클리드기하학의 발견 / 정다각형과 작도
작도가 가능하다는 것의 의미 /
원주를 n등분하는 방정식 /
정다면체와 오일러의 공식 /
정다면체의 오일러 공식 /
다각형 내각의 합과 외각의 합 / 불변량

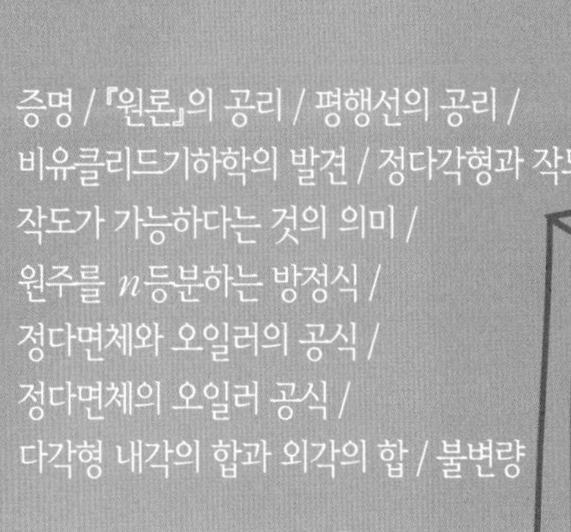

제 5 장
도형과 기하학

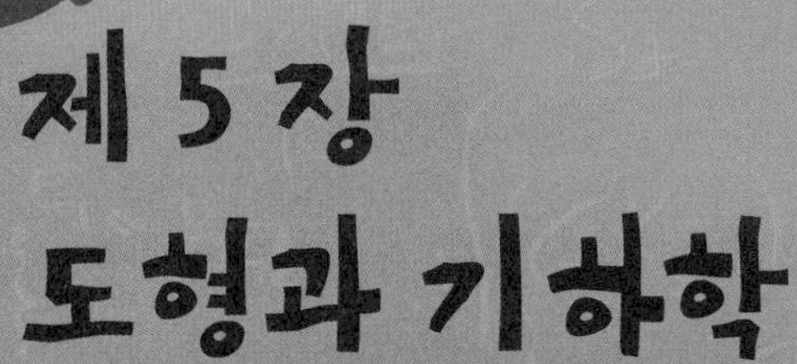

도형과 기하학

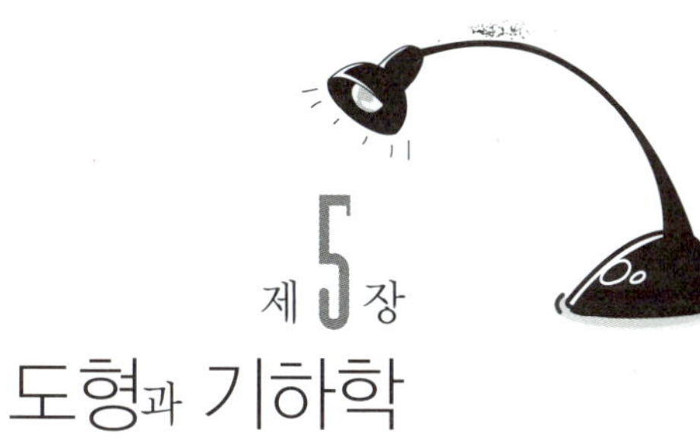

● **증명**

수학은 수천 년의 역사를 가진 인류의 가장 오래된 문화의 하나이다. 수학이라고 하면 수의 학문이라는 의미가 강하게 느껴진다. 실제로는 도형을 다루는 기하학도 수학의 큰 분야이다. 기하학은 고대 이집트에서 시작해서 그리스에서 꽃을 피웠다. 유클리드가 썼다고 전해지는 **『기하학원론** 幾何學原論, Stoicheia **』**(이하 『원론』)은 그리스의 기하학을 집대성한 책이다.

원래 『원론』은 기하학만을 다루는 것이 아니라 오늘날 이야기하는 비례론이나 무리함수 등도 다루고 있다. 그러나 그런 것들은 모두 기하학을 장식하는 것으로 논의되어 왔다. 이 책 제1장에서 서술한 '아르키메데스의 원리'라고 같은 내용을 서술했던 장도 있다. 유클리드의 『원론』에서 전개된 기하학이 그 후의 수학이 나아갈 바를 제시했다는 것은 확실하다.

유클리드
(B.C.325?~B.C.265)
그리스의 수학자

　그중에서 가장 큰 영향은 **증명**證明, proof이라는 수학의 독자적인 방법 확립이다. 증명이란 무엇인가? 그것은 수학만의 방법으로 '어떤 사실이 왜 참인가를 설명하는 방법'이다.

　보통 자연과학에서는 사실이 성립하려면 실험이라는 방법, 혹은 실제의 관측이라는 방법을 사용해야 한다. 물리학의 역사에는 실험의 중요한 역할을 보여 주는 사례가 종종 있다. 빛을 전달하는 가상의 물질 에테르가 존재하는지 존재하지 않는지를 실험한 마이컬슨과 몰리의 실험과 상대성이론에 따른 빛의 굴절을 실측해서 확인한 에딩턴도 유명하다.

　사회과학에서는 이론이 참인지 아닌지는 현실 사회를 잘 설명할 수 있느냐에 따라 달라진다. 따라서 그런 분야에서 맞다는 의미는 상대적이다. 실제로 실험으로 확인할 수 없는 빅뱅이라는 우주생성 이론도 사실성이 높은 가설이고 진화론도 실험에서 확인할 수 없는 것들이다. 자연과학은 많은 상황 증거를 확인하는 것으로 이론의 맞고 틀림을 보증해 왔다.

　그러나 수학의 설명인 '증명'은 그런 것들과는 좀 다르다. 오래된 수

풀지 않고 **읽는 수학**

학관에서는 수학의 증명을 통해 그 사실이 절대적으로 참임을 보증했다. 그것은 누구나가 참이라고 인정하는 사실로 **공리**公理라고 한다. 그 공리에서 출발해서 **연역**演繹法, deductive method이라는 방법으로 참인 사실의 연쇄를 만들어 간다. 연역이란 "A이다. A라면 B이다. 따라서 B이다."라는 추론을 말한다. 이 추론이 왜 참인가에 대해서 더 이상의 설명은 할 수 없다. 연역이라는 논리는 사람이라는 생물 속에 자연스럽게 갖추어진 구조라고 생각한다. 따라서 처음 공리가 참이라면 연역의 연쇄로 이끌어진 사실은 모두가 참이 된다.

현대 수학에서 공리는 누구라도 참이라고 인정하는 사실이 아니라 이론의 출발점이 되는 '약속'으로 생각할 수 있다. 결국, 이 경우 "A라면 B이다. 따라서 A가 참이라면 B도 참이다."라는 추론이 된다. 수학의 증명은 B가 참이라는 것을 보증하는 것이 아니라 A가 참이라면 B가 참이라는 것을 보증하는 것이다. 좀 더 자세히 살펴본다면 "A라고 한다면 B이지만 A가 어떤지는 책임질 수 없다."라는 것이다.

한편, 인도와 중국에서는 각각의 고대문명이 독자적인 수학 문화를 가졌는데 왜 고대 그리스 수학만 증명이라는 방법을 가지게 되었는지에 대해서는 많은 수학사가들이 연구하고 있다. 하나의 견해는 파르메니데스와 제논으로 대표되는 엘레아 학파의 철학자들 때문에 생겨났다고 설명한다. 제논은 패러독스로 유명한 철학자이다. 그의 대표적인 역설을 하나 소개하기로 하자. 여러분은 아킬레스와 거북이의 이야기를 알고 있는가? 그리스 신화 속에서 발이 빠른 것으로 알려진 아킬레스와 느림보의 대표 주자인 거북이가 경쟁을 한다. 그러나 제논은 다음과 같은 논리로 아킬레스는 거북이를 추월할 수 없다고 주장했다.

왠지 이상하지 않은가? 현실에서는 결코 그렇게 되지 않는다. 그러나 이 제논의 논리를 논리로서 설파하려고 하면 너무 어렵다. 이런 철학자도 있었기 때문에 그리스에서는 토론 상대를 설득하는 논리가 발달하고 현재에 이르러 공리에 기초한 의논과 증명이라는 수단이 발달한 것은 아닐까. 그런 것이 하나의 이유가 될 것이다. 실제로 유클리드의 『원론』은 다음과 같은 논의에서 시작한다.

『원론』의 공리

『원론』에서는 먼저 지금부터 사용할 말의 의미를 정확하게 정하고 그 어떤 예고도 없이 23개의 정의를 이야기한다. 정의란 '말의 의미를 정하기 위한 말'이다. 이것은 좀 이상한 구조를 하고 있기 때문에 주의해야 한다. ' ' '언어의 의미를 결정하기 위한 말'의 의미를 결정하기 위한 말'의 의미를 ……'이 되면 언제까지나 끊임없이 이어지게 된다. 그러므로 정의는 본질적으로 불완전하다. 어딘가에서 이 연쇄를 끊고 설명하는 것을 포기해야 하는 말에 부딪히게 된다.

『원론』의 정의 중에는 "점이란 부분을 가지지 않는다."라든가 "선이란 폭이 없는 길이다." 등과 같은 유명한 말이 있지만 거기에서는 '부분'이나 '폭' 등의 말에 대한 설명은 하지 않는다. 점이라는 말과 부분이라는 말 중 어느 쪽이 설명하기 어려운가는 논의를 해야 한다.

그런 이유로 현대 수학에서는 '점'이라든가 '직선'을 무정의 용어로 해서 그들 의미를 설명하는 것을 그만두게 된다. 실제로 우리는 정의하지 않아도 점이라는 것을 알고 있다. 하지만 어쨌든 『원론』은 이렇게 시작한다.

다음으로 누구라도 옳다고 인정하는 일반적인 사항을 공리라고 부르는데 다음의 다섯 가지와 그로부터 파생된 네 가지가 있다.

1. 같은 것과 같은 것들은 또한 서로 같다.
2. 같은 것에 같은 것을 더하면 그 전체끼리는 서로 같다.
3. 같은 것에서 같은 것을 빼면 그 남은 것끼리는 서로 같다.
4. 같지 않은 것에 같은 것을 더 하면 전체는 같지 않다.
5. 같은 것의 두 배는 서로 같다.
6. 같은 것의 절반은 서로 같다.

7. 서로 포갤 수 있는 둘은 서로 같다.

8. 전체는 부분보다 크다.

9. 두 개의 선분만으로는 넓이를 갖는 도형을 만들 수 없다.

어떠한가? 여기에서 예시한 아홉 개의 사항에 반대할 사람은 아마도 없을 것이다. 다만 현재의 눈으로 보면 전체가 약간 균형을 잃은 것 같은 느낌이 든다. 왜 두 배만 특별하게 다루고 있는지 세 배라고 해도 좋지 않을까? 아마도 지금 고등학생들은 이 공리를 "같은 것의 n배는 서로 같다."라고 표현할 수 있을 것이다. 그러나 그리스에서는 문자를 사용해서 숫자를 나타낼 수가 없었다. 여기에서는 문자의 사용이 얼마나 수학의 역사를 넓혀 주었는지 알 수 있다.

혹은 아홉 번째의 공리는 그 이전의 여덟 개의 공리와는 조금 이질적인 느낌이 있다. 그 이전의 여덟 개의 공리는 일반적인 것을 말하고 있는 것 같지만 아홉 번째 공리는 선분이라는 특별한 형태의 성질을 말하고 있는 것 같다는 의견이 나올 것이다. 이들 아홉 번째를 제외하면 수학에서 말하는 것이 아닌 일반적인 성질을 말하고 있는 것 같다.

『원론』에는 이 아홉 개의 공리에 앞서서 공준이라고 불리는 성질이 있다. 현재의 수학에서는 공리와 공준을 구별하지 않기 때문에 보통은 이 다섯 개를 유클리드기하학의 공리라고 말한다. 우리들이 보통 유클리드기하학의 공리라고 부르는 것은 이 다섯 개의 공준이다. 그렇다면 그 다섯 개의 공리를 소개하자.

공준

다음의 사항들이 미리 요청되어 있다고 하자.

1. 임의의 점에서 임의의 점으로 직선을 긋는 일

2. 유한한 직선을 연속하여 직선으로 연장하는 일

3. 임의의 중심과 반지름을 갖는 원을 그리는 일

4. 모든 직각은 서로 같다는 것

5. 한 직선이 두 직선과 만날 때 같은 쪽의 내각의 합이 두 직각보다 작다면 이 두 직선을 한 없이 연장할 때, 내각의 합이 두 직각보다 작은 쪽에서 만난다는 사실

공리 1에서 4까지는 당연한 것이라고 납득할 만한 사실을 서술하고 있는 것 같다. 그중에서 제4공리의 '직각은 서로 같다는 것'이 눈에 띈다. 직각이란 어떠한 각인가?

'90°의 각'이라는 것은 답이 되지 않는다는 것은 이미 알고 있다. 도(度)라는 단위가 무엇인지 정해지지 않은 이상 설명할 수가 없다. 『원론』에서는 직각을 다음처럼 정의한다. 이것은 『원론』의 10번째 정의에 해당한다.

이것이 『원론』의 직각에 대한 정의이다. 각을 측정하지 않는다는 점에 주의하자. 직각을 각의 절대단위라고 한다. 그것은 직각이 각을 측정하는 방법에 상관없이 정해지기 때문이다.

그래서 직각을 $\angle R$이라고 쓴다. R은 right angle의 머리글자이다. 이것을 도로 측정하고 $90°$라고 부르고 혹은 라디안으로 측정해서 $\frac{\pi}{2}$라디안이라고 불러도 직각에는 변함이 없다. 결국 직각은 각의 크기를 측정하는 공통의 단위가 될 수 있다. 그러나 유클리드의 기하학은 길이에 대해서는 이와 같은 절대단위가 없다. 측정 방법에 의존하지 않고 그 길이를 공통 단위로 하려는 약속을 할 수 있다는 이 사실이 정말 흥미롭다.

 **평행선의 공리**

그리고 다섯 번째의 공리를 평행선의 공리라고 한다. 이 공리는 그 후 수학에 큰 영향을 끼쳤다. 다섯 개의 공리를 보면 금방 알 수 있지만 이 다섯 번째 공리만 다른 것과 다르다. 다른 공리가 간소하게 어떠한 사실을 서술한 것에 비해서 제5공리만은 빙빙 돌려서 말하는 식으로 되어 있어서 아마도 그림을 그리지 않으면 무엇을 말하고 있는지 잘 알 수 없을 것이다.

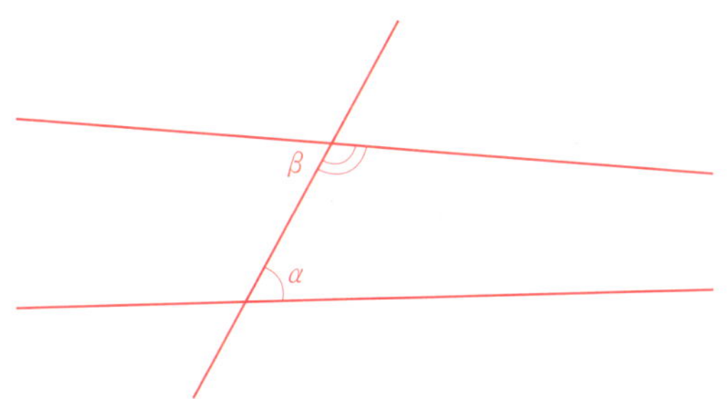

이 그림에서 표시한 두 개의 각이 같은 쪽의 내각이다. 또 다른 쪽의 내각, 그림에서 α와 β 등을 엇각이라고 한다. 보통 우리는 평행선의 공리로 다음과 같은 것을 배운다.

평행선의 공리 ver. 2

직선 밖의 한 점을 지나면서 주어진 직선과 평행인 직선은 오직 하나이다.

이 말은 그래도 아주 이해하기 쉽게 들린다. 하지만 이것은 훨씬 후에 플레이페어라는 수학자가 바꾼 말이다.

또 엇각이라는 말을 사용하면

평행선 공리 ver. 3

평행하다면 엇각이 같다.

라는 것도 가능하다. 『원론』에서는 처음에 평행선을 정의한다. 평행선이란 동일의 평면상에서 양 방향에 제한 없이 연장되어도 양쪽 방향으로는 서로 만나지 않는 직선이다.

이것이 평행선의 정의이다. 조금 더 주의 깊은 사람이라면 이 정의가 잉태하고 있는 문제점을 지적할 수 있을지 모른다. 그것이 유클리드의 제5공리 문제와 연관되어 있다.

그럼, 그 문제점은 무엇일까? 실은 여기에서 모습을 바꾼 무한이라는 악마가 존재한다. 그리스의 수학이 아주 조심스럽게 무한의 문제를 피해 온 것은 잘 알려진 사실이다. 처음에 이야기한 제논의 패러독스도 무한의 문제를 포함하고 있었다. 무한을 부주의하게 다루면 여러 가지 문제를 일으킬 수 있다는 것을 그리스 사람들은 알고 있었다.

그렇다면 평행선의 정의 중에 숨어 있는 무한이란 무엇일까?

어떤 신선이 말을 했다.

"나는 영원히 죽지 않는다."

그 신선이 한 이 말이 옳다는 것을 증명할 수 있을까?

비유클리드기하학의 발견

다음 두 개의 직선은 평행일까?

정의에 따라서 조금 연장을 해 보자. 만나지 않는다. 그렇지만 좀 더 연장을 한다면 만날지도 모른다. 좀 더 연장을 해 보자. 아직 만나지 않는다. 그렇지만 평행이라고 단정하기엔 좀 불안한 점이 있다. 그렇다면 어느 정도 연장을 하면 좋을까? 그렇다. 결국 아무리 연장을 해도 두 직선은 만나지 않는다는 것은 검증 불가능하다는 이야기다. 이것이 평행이 아니라서 어딘가에서 만난다면 검증 작업은 끝난다. 그러나 평행의 경우 직선을 10m 앞에서 만나지 않았다고 해도 1km 앞에서는 만날지도 모른다는 가능성을 버릴 수가 없다. 10km 앞에서도 100km 앞에서도 만나지 않는다는 보증을 어떤 형태로든 하지 않는 이상 평행이라고 하는 정의와 실험만으로는 두 개의 직선이 평행인지 아닌지 알 수 없다. 이런 내용들이 수학은 실험으로 검증할 수 없다는 것을 나타내고 있다.

평행선의 공리는 이 무한 연장을 각도를 측정하는 조작으로 보증할 수 있는 공리라고 볼 수 있다. 물론 실제의 측정에서는 오차가 생긴다. 그러나 이론적으로 평행선의 공리에 따라서 연장이라는 무한의 조작을 각을 측정한다고 하는 실행 가능한 과정으로 바꿔서 생각할 수 있게 되었다. 이것이 유클리드 평행선의 공리의 하나의 역할이다.

그렇지만 직선 외의 한 점을 지나고 그 직선에 평행한 직선이 적어도 하나 있다는 것은 평행선의 공리 없이도 증명할 수 있다. 엇각이 같아지도록 그은 직선이 평행이 되는 것을 평행선의 공리 없이 증명할 수 있기 때문이다. 결국

도형과 기하학

를 증명할 수 있다.

증명은 귀류법이라는 논법을 사용해서 삼각형의 외각이 그 내각보다 커지는 것을 사용한다. 이 증명에는 평행선의 공리가 필요없다. 이 증명은 그 자체가 재미있기 때문에 나중에 소개하기로 한다.

그러나 이 명제의 역 "평행이면 엇각이 같다."가 결국 대우를 취하면 "엇각이 같지 않으면 평행이 아니다."가 된다. 이것은 평행선의 공리 없이는 증명할 수 없다.

아마도 고대 그리스의 수학자들도 그것을 증명하려고 노력했지만 결국에는 증명할 수 없었다. 그래서 결국 증명할 수 없는 그것을 공리로 채택했을 것이다. 결국 평행선의 공리는 대우 명제 그 자체이다.

평행선의 공리를 다른 공리를 이용해서 증명하려고 한 수학자가 많이 있었다. 특히 이 공리를 귀류법으로 증명하려고 한 발상은 정말 재미있는 것이었다. **귀류법**歸謬法, reductio ad absurdum은 다음과 같은 증명 방법이다. 명제 A를 증명하기 위해서 "A가 아니다."라고 가정을 해서 거기에서 모순을 이끌어낸다. 그 결과 가정 "A가 아니다."는 틀렸고 A가 성립된다는 것을 알 수 있다. 이것이 귀류법이다. 고등학생이라면 $\sqrt{2}$가 무리수라는 것을 증명할 때 귀류법이 사용된다는 것을 알고 있을 것이다. 평행선의 공리를 귀류법으로 증명한다는 것은 결국 평행선의 공리를 부정해서 거기에서 얻은 명제를 조사해 나간다는 뜻이다. 이때 모순된 명제가 나온다면 처음의 가정, 즉 평행선 공리의 부정이 잘못되었고 따라서 평행선의 공리가 성립한다. 이것이 귀류법의 아이디어이다. 이것은 실제로 규모가 웅대한 아이디어이다. 보통의 귀류법은 단순한 명제의 성립에 관련되어 있는 데 비해서 이 귀류법은 유클리드기하학 전체의 성립에 관련되어 있다고 생각할 수 있다.

그렇지만 여기에는 하나의 함정이 있다. 수학 이외의 다른 자연과학에서는 사실과 다른 결과를 얻을 수 있도록 하는 이론은 틀린 이론이다. 그러나 수학에서는 설령 보기에는 사실과는 다른 이상한 결과가 나오더라도 그것만으로는 모순이라고 할 수 없다.

직선 외의 한 점을 통과하고 그 직선에 평행한 직선이 두 개 이상 있다는 가정에서는, 예를 들어, 삼각형의 내각의 합이 180°보다 작다든가 닮은꼴 삼각형이 존재하지 않는다는 좀 상식에서 벗어난 결과를 증명할 수 있다. 그러나 그것은 우리의 상식에 반한다는 것만으로 수학적인 모순이라고 말할 수는 없다. 수학적인 모순이란 A인 동시에 A가 아니라는 것이 나올 때 비로소 말할 수 있다

$\sqrt{2}$가 무리수라는 증명도 약분할 수 없다고 했는데 약분이 된다든가 혹은 홀수라고 했는데 짝수가 된다든가 하는 모순이 있었다. 그러나 많은 수학자는 유클리드의 주술을 완전히 끊지는 못하고 상식과 다른 결과를 가지고 모순을 발견했다. 이 주술을 과감하게 끊고 평행선의 공리를 부정해도 모순이 없는 새로운 기하학을 할 수 있다고 발표한 젊은 두 명의 수학

보여이
(1802~1860)
헝가리의 수학자

자가 있었는데 헝가리의 보여이
와 러시아의 로바체프스키였다.
그래서 비유클리드기하학이라
는 새로운 기하학이 탄생했다.
그렇다면 마지막으로

로바체프스키
(1792~1856)
러시아의 수학자

를 평행선의 공리를 사용하지 않고 유클리드 증명을 현대풍으로 다시 쓴 것을 소개한다. 삼각형 $\triangle ABC$의 변 BC를 연장해서 직선 BD를 만들 때 $\angle ACD$를 **외각**外角, external angle이라고 하고 서로 마주 보는 두 개의 각 $\angle BAC$, $\angle ABC$를 그 **내대각**內對角, interior opposite angle 이라고 이야기한다.

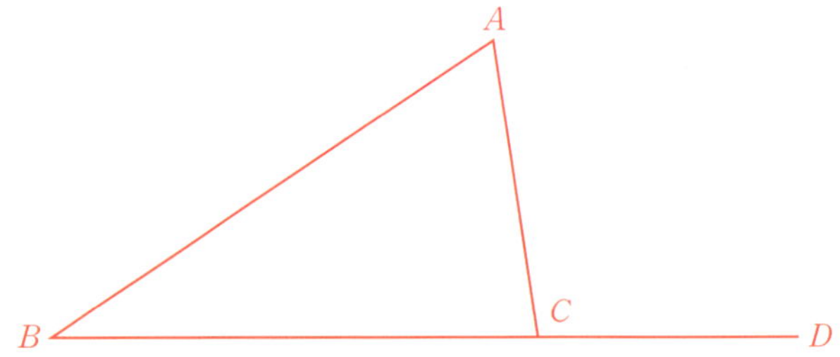

모든 증명이 평행선의 공리를 사용하지 않는다는 점에 주의하자.

풀지 않고 **읽는 수학**

 삼각형의 외각은 그 내대각보다 크다.

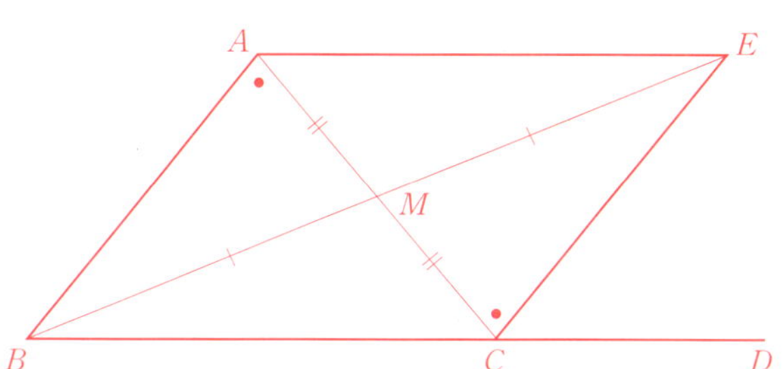

변 AC의 중점을 M으로 해서 변 BM을 두 배로 연장한 점을 E 라고 한다. 이때 두 변이 같고 그 끼인각이 같다는 합동정리에 따라서

$$\triangle ABM \equiv \triangle CEM$$

이다. 따라서 $\angle ACE = \angle CAB$가 되어

$$\angle ACE < \angle ACD$$

이다. 즉 외각은 내대각보다 크다.

이어서 엇각이 같으면 평행이라는 증명이다.

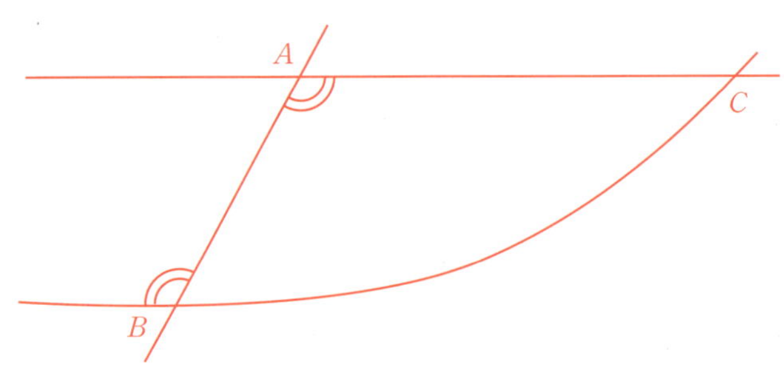

귀류법에 따른다. 엇각이 같은 것과 상관없이 평행이 아니다. 따라서 모든 쪽에서 삼각형 $\triangle ABC$가 가능하지만 이것은 보충정리에 어긋난다.

정다각형과 작도

유클리드의 『원론』은 마지막에 다섯 개의 정다면체를 이야기한다. 다섯 개의 정다면체는 정사면체, 정육면체, 정팔면체, 정십이면체, 정이십면체를 말한다. 정육면체는 보통 입방체라고도 한다. 이 다섯 개의 입체는 옛날부터 아름다운 형태를 갖고 있기 때문에 많은 사람들이 관심을 가졌다. 천문학자 케플러는 행성의 운동을 설명할 때 정다면체를 이용하기도 했다. 현대 화가 달리는 정십이면체를 모티브로 한 신기한 그림을 그리기도 했다.

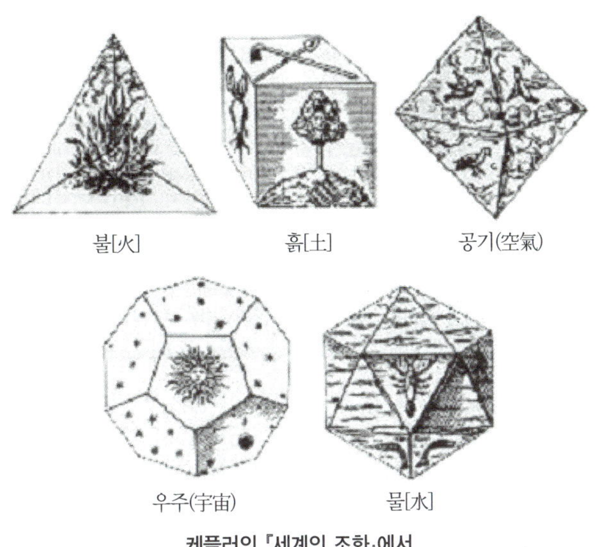

케플러의 「세계의 조화」에서

정다각형을 입체화한 것이 정다면체이다. 먼저 정다각형에 대해서 제대로 정의하자.

정의 모든 변과 내각이 같은 다각형을 정다각형이라고 한다.

정다각형에 대해서는 그 형태가 대칭형이므로 옛날부터 많은 수학자와 예술가의 주목을 받아 왔다. 정다각형 그림을 제대로 그리는 것은 많은 사람들의 관심사였다.

모든 변이 같은 것만으로는 정다각형이 될 수 없다. 정삼각형은 변만 같게 그리면 정다각형을 만들 수 있었다. 그러나 다른 정다각형은 변의 조건만 있거나 혹은 각만의 조건만 있으면 불안정해지므로 형태가 일정하게 정해지지 않는다. 예를 들어 마름모는 모든 변의 길이가 같은 사각형이고 직사각형은 모든 각이 같은 사각형이다.

대부분의 사람들이 중학교, 고등학교 때 컴퍼스와 대자로 정다각형을 작도한 경험이 있을 것이다. 정삼각형과 정육각형의 작도는 간단하지만 정오각형의 작도는 그 정도로 간단하지 않다. 좀 더 기교가 복잡한 작법으로 작도해야 한다. 그렇다면 정칠각형을 작도할 수 있을 것인가? 좀 더 일반적으로 어떤 정다각형을 컴퍼스와 자로 작도할 수 있을까?

수학에서의 작도는 유클리드 이래로 엄격한 규칙을 만들어 왔다.

작도^{作圖}, construction란 '자와 컴퍼스만을 써서 주어진 조건에 알맞은 선이나 도형을 그리는 것'이다.

컴퍼스와 자를 무한하게 사용할 수 없고 이것 이외의 도구 사용도 금지된다. 또 자의 눈금도 사용할 수 없다. 하물며 삼각자나 T자형 자, 분도기를 사용하는 것도 금지된다. 따라서 수학에서의 작도는 실용적인 의미보다는 수학적인 퍼즐이라는 느낌이 더 강하다. 따라서 반대로 자는 아무리 멀리 떨어진 두 개의 점이라도 직선을 긋는 것이 가능하다. 현실에서의 자는 그렇게 길지 않으니까 너무 멀리 떨어진 두 점을 연결할 수 없다. 그러나 수학에서는 그러한 것을 생각하지 않기로 했다.

작도에 대해서는 유클리드 이후 그리스의 3대 작도 불능 문제라고 불리는 어려운 문제가 있었다. 이것은 컴퍼스, 자를 규정대로 사용해서 작도를 하는 문제였다.

1. 주어진 정육면체보다 부피가 두 배인 정육면체를 작도하는 문제
2. 임의의 각을 삼등분하는 문제
3. 임의의 원과 면적이 같은 정사각형을 작도하는 문제

이 세 문제이다. 이 문제들은 2,000년 이상의 세월을 거치면서 모두 작도가 불가능하다고 증명된 것으로 유명하다. 이것은 삼등분 선을 결코 그을 수 없다는 이야기가 아니다. 각의 삼등분 선은 자의 눈금을 잘 사용하면 그릴 수가 있다. 여기에서 작도를 할 수 없다는 이야기는 컴퍼스와 자를 규정대로 사용하는 것만으로는 작도할 수 없다는 이야기이다.

작도가 가능하다는 것의 의미

그렇다면 작도가 가능하다는 것은 어떤 의미일까?

자는 직선을 긋는 도구이며 컴퍼스는 원을 그리는 도구이다. 그렇지만 좌표평면상에서 직선은 일차방정식, 원은 이차방정식으로 표현된다. 그러므로 그들의 교점을 구하면서 작도를 하고 싶은 그림을 차례차례 그려 나갈 수 있다. 이것을 방정식의 언어로 바꿔서 이야기하면 다음과 같다.

제2장에서도 이야기를 했듯이 일차방정식의 해는 계수의 법칙과 제곱근을 취하는 (제곱근 풀이) 연산에서 구할 수가 있었다. 그러므로 작도할 수 있는 길이는 이런 사칙연산과 제곱근의 풀이 연산이 반복되어 있다. 이런 연산을 반복해서 이루어진 수(길이)는 작도하는 것이 가능하다. 이 작도를 기본 작도라고 한다. a, b가 주어진 길이일 때 각각의 작도법을 나타낸다.

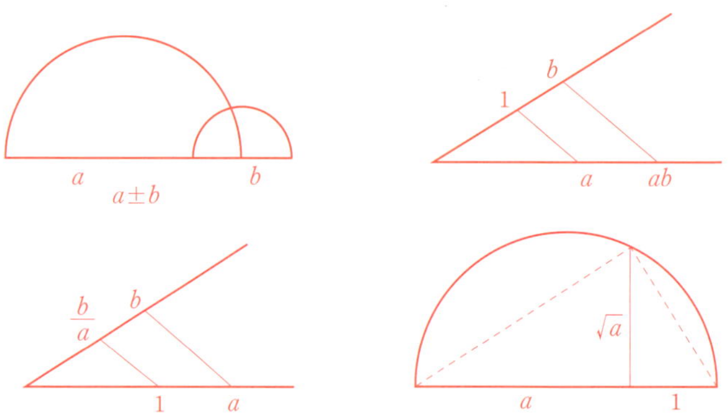

그림을 보고 있으면 작도 방법을 알 수 있을 것이다. 작도에서 덧셈 뺄셈은 간단하다. 곱하기와 나누기는 닮은 삼각비를 이용하고 있다. 또 제곱근 풀이 계산은 반원의 원주각이 직각이라는 것을 사용하고 닮은 비도 사용한다. 따라서 수학적으로 작도가 가능하다는 말은 다음과 같은 의미이다.

그렇다면 이제부터 실제로 정오각형의 작도를 생각해 보자.

정오각형의 작도

간단하게 하기 위해서 정오각형 한 변의 길이를 1로 하자. 이때 정오
각형을 작도하기 위해서는 어떤 길이가 필요할까?

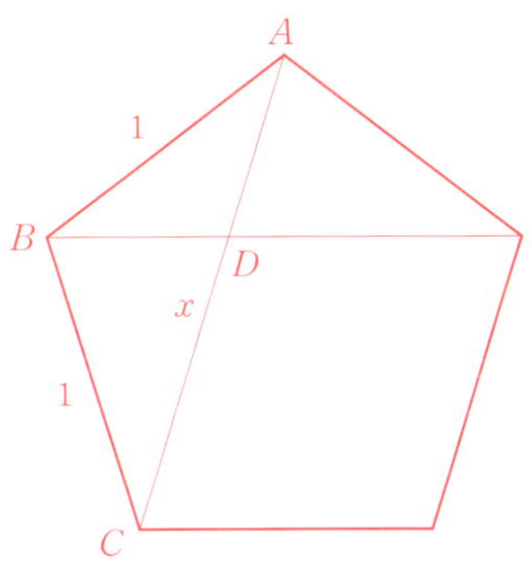

그림을 보면 알 수 있듯이 정오각형은 대각선 AC의 길이를 작도할
수 있으면 된다. 정오각형의 한 변의 길이를 1로 한 것에 주의해야 한
다. 대각선의 길이를 x라고 하고 $\triangle ABC$와 $\triangle ADB$가 닮은꼴이란
것을 사용하면

$$1:x=(x-1):1$$

이기 때문에 $x^2-x-1=0$이 되어 이것을 풀고 대각선의 길이를 구한다.

$$x=\frac{1\pm\sqrt{5}}{2}$$

가 되는데 물론 대각선의 길이는 양의 값을 갖으므로

$$x=\frac{1+\sqrt{5}}{2}$$

가 된다.

이 길이는 사칙연산과 제곱근 풀이로 되어 있으므로 컴퍼스와 자로 작도가 가능하다. $\sqrt{5}$의 길이를 작도하면 대각선의 길이를 작도할 수 있다. $\sqrt{n}$의 작도에 관해서는 다음처럼 하는 깔끔한 방법이 있다.

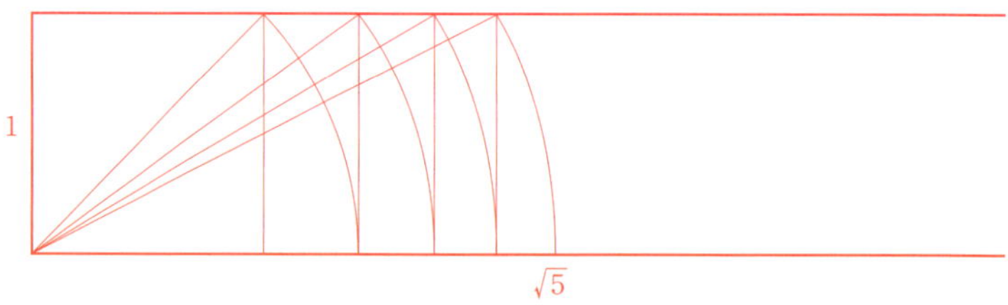

이 값 $x=\frac{1+\sqrt{5}}{2}$를 황금비라고 한다. 대개 1.618…… 정도의 값이 되지만 옛날부터 조화가 잘 된 아름다운 비율의 값이라고 알려져 왔다. 파르테논 신전과 밀로의 비너스에 이 비율이 적용되었다.

그런데 정다각형의 작도와 방정식의 $x^n-1=0$ 사이에는 아주 아름다운 관계가 있다. 이것은 다음에 소개하기로 하겠다.

앞 장에서 삼각함수와 지수함수 사이에 성립하는 아주 멋진 관계 '오일러의 공식'을 소개했다. 허수 i를 사용하면

$$e^{ix}=\cos x+i\sin x$$

가 성립한다. 이 식의 양변을 n승 하면 지수법칙을 사용해서

$$e^{inx}=(\cos x+i\sin x)^n$$

이 된다. 이 식의 좌변을 다시 한 번 오일러의 공식에 대입하면

$$e^{inx}=\cos nx+i\sin nx$$

가 된다. 따라서

$$(\cos x+i\sin x)^n=\cos nx+i\sin nx$$

라는 식을 얻을 수 있다. 공식을 **드 므와브르 정리**De Moivre's theorem라

고 한다.

그리고 방정식 $x^n-1=0$을 생각해 보자. 이 방정식의 답이 $x=1$이라는 것은 보면 알 수 있다. 이 방정식의 $x=1$ 이외의 답은 $n \geq 3$이라면 복소수가 되고 이 복소수는 절댓값이 1이기 때문에 $z=\cos\theta+i\sin\theta$라고 하는 형태를 하고 있다. 그러므로 드 므와브르 정리에서

$$z^n=\cos n\theta+i\sin n\theta=1$$

이 되지만 $1=\cos 2\pi+i\sin 2\pi$이기 때문에 위의 식을 충족하는 가장 작은 각을 θ라고 하면

$$\theta=\frac{2\pi}{n}$$

가 된다.

결국 이 방정식의 답 $z=e^{i\theta}$는 원주를 n등분하는 점(복소수)이 된다. 일반적으로 방정식 $x^n-1=0$의 해는 1의 n제곱근이지만 이중에서 특히 n제곱 했을 때 1이 되는 것을 **원시 n제곱근**이라고 한다. 제곱근만을 해로 하는 방정식(다항식)을 원주등분다항식이라고 한다. 여기에서는 **원시 n제곱근**에 얽매이지 말고 방정식 $x^n-1=0$을 생각해 보자. 이 방정식의 답이 복소수 평

드 므와브르
(1667~1754)
프랑스 출신의
영국 수학자

면상에 작도가 가능하다면 양의 n각형을 작도할 수 있다. 허수단위 i도 작도할 수 있다는 것에 주의해 주길 바란다. 이런 것을 보아도 허수가 실재하지 않는 수라는 견해는 좀 이상하다는 것을 알 수 있다. 실재하지 않는 수를 작도할 수 있을 리가 없으니 말이다.

그리고 이 방정식을 통해서 양의 다각형 작도를 보면 다음과 같이 된다.

(1) 정삼각형

$x^3-1=0$은 인수분해해서 $(x-1)(x^2+x+1)=0$이기 때문에 복소수의 답은 이차방정식 $x^2+x+1=0$의 답이다. 물론 이차방정식의 답은 작도할 수 있으므로 정삼각형을 작도할 수 있다. 실제로 이 답은

$$z=\frac{-1\pm\sqrt{3}i}{2}$$

로 확실하게 사칙연산과 제곱근으로 되어 있다.

(2) 정사각형

원주등분방정식은 $x^4-1=0$이지만 이것을 인수분해하면

$$(x-1)(x+1)(x^2+1)=0$$

이 된다. 그러므로 답은 $1,\ -1,\ i,\ -i$로 모두 작도할 수 있다.

그렇다면 정오각형은 어떠할까?

(3) 정오각형

원주등분방정식은 $x^5-1=0$이다. 인수분해하면

$$(x-1)(x^4+x^3+x^2+x+1)=0$$

이 된다. 문제는 이 두 번째 인수인 사차방정식의 답이 어떻게 되는가이다. 이처럼 x^n에서 $x^0=1$까지의 항의 모든 계수가 1인 방정식을 **상반방정식**이라고 한다. 이 방정식에는 전통적인 해법이 있다. 그것은 중앙의 항으로 전체를 나누고 방정식을 $t=x+\dfrac{1}{x}$의 방정식으로 고치는 것이다. 실제로 이 방정식의 답은 0이 아니기 때문에 전체를 x^2으로 나누면

$$x^2+x+1+\frac{1}{x}+\frac{1}{x^2}=0$$

이 된다.

여기에서 $x+\dfrac{1}{x}=t$라고 하면 $x^2+\dfrac{1}{x^2}=t^2-2$이기 때문에 원래의 방정식은 t에 대한 이차방정식

$$t^2+t-1=0$$

이 된다. 이것을 풀면 $t=\dfrac{-1\pm\sqrt{5}}{2}$가 된다. 그다음에 t에 대한 방정식 $x+\dfrac{1}{x}=t$의 분모를 없애서 이차방정식을 만들면

$$x^2-tx+1=0$$

풀지 않고 읽는 수학

이 된다. 이 이차방정식을 풀면(부호는 모두 $+$를 취한다)

$$x=\frac{1}{2}\left(\frac{\sqrt{5}-1}{2}+\sqrt{\frac{5+\sqrt{5}}{2}}\,i\right)$$

가 된다. 확실히 x는 사칙연산과 제곱근으로만 표현되고 있다. 따라서 이 x는 작도 가능하고 결국 정오각형을 작도할 수 있다.

이 방법은 확실히 일반적이지만 앞에 대각선의 길이를 계산해서 정오각형을 작도한 방법이 훨씬 간단하다. 그러나 일반론에는 일반론의 좋은 점이 있다. 마지막으로 정칠각형은 컴퍼스와 자로는 작도할 수 없다는 것에 대해서 알아보자.

(4) 정칠각형을 컴퍼스와 자로 작도할 수 없는 이유

정칠각형의 경우 원주등분방정식은 $x^7-1=0$이 되기 때문에 인수분해하면

$$(x-1)(x^6+x^5+x^4+x^3+x^2+x+1)=0$$

이 된다. 따라서 역시 상반방정식으로

$$x^6+x^5+x^4+x^3+x^2+x+1=0$$

을 사칙연산과 제곱근으로 풀면 된다. 앞에서 하던 것처럼 따라서 $x+\dfrac{1}{x}=t$로 두고 t에 대한 방정식으로 고치면

$$x^2+\frac{1}{x^2}=t^2-2, \quad x^3+\frac{1}{x^3}=t^3-3t$$

가 된다. 따라서 원래의 방정식은 t에 대한 삼차방정식

$$t^3+t^2-2t-1=0$$

이 된다. 결국, 이 삼차방정식의 답이 사칙연산과 제곱근으로 표시되지 않는다는 것을 알면 정칠각형을 컴퍼스와 자로 작도할 수 없다는 것을 알게 된다.

그럼 어떻게 표현하면 좋을까? 수학이 증명이라는 수단을 발명한 후 상당한 시간이 흘렀다. 그 사이에 여러 개의 증명 기법이 개발되었지만 그중에서도 귀류법과 귀납법이 가장 중요하다. 여기에서는 그 두 개를 조합해서 증명한다.

전체의 계획은 귀류법이다. 이 방정식이 사칙연산과 제곱근을 몇 번씩이나 조합해서 풀었다고 하자. 사용된 제곱근의 계산의 횟수를 n회 라고 하고 마지막에 사용된 제곱근 계산만을 끄집어 내자. 그러면 방정식의 해는

$$x=a+b\sqrt{c}$$

라는 형태가 될 것이다. 이것이 가정이다.

이때 $x=a-b\sqrt{c}$도 원래 방정식의 답이 되는 것을 나타내 보자. $x=a+b\sqrt{c}$가 원래 방정식의 답이기 때문에 이것을 방정식에 대입하면

풀지 않고 읽는 수학

$$(a+b\sqrt{c})^3+(a+b\sqrt{c})^2-2(a+b\sqrt{c})-1=0$$

이 된다. 전개 정리하면

$$(a^3+3ab^2c+a^2+b^2c-2a-1)+(3a^2b+b^3c+2ab-2b)\sqrt{c}=0$$

이 된다. 이때 만일 $\sqrt{c}$의 계수가 0이 아니면 이 식은

$$\sqrt{c}=-\frac{a^3+3ab^2c+a^2+b^2c-2a-1}{3a^2b+b^3c+2ab-2b}$$

이 된다. 마지막 제곱근 계산은 다른 계수의 사칙연산으로 표시되어 필요없게 되어 버린다. 따라서 $\sqrt{c}$의 계수는 0이 되어

$$a^3+3ab^2c+a^2+b^2c-2a-1=3a^2b+b^3c+2ab-2b=0$$

이 된다. 그리고 원래의 방정식에 $a-b\sqrt{c}$를 대입한 값은

$$(a^3+3ab^2c+a^2+b^2c-2a-1)-(3a^2b+b^3c+2ab-2b)\sqrt{c}$$

가 되어 0이 된다는 것을 알 수 있다. 결국 $x=a-b\sqrt{c}$도 원래의 방정식의 답이 된다. 그리고 삼차방정식은 세 개의 해를 가지고 그 해의 합은 근과 계수의 관계로부터 t^2의 계수에 마이너스를 붙인 것이다. 지금, 두 개의 답을 알고 있기 때문에 또 하나의 답을 γ라고 하면

도형과 기하학

$$(a+b\sqrt{c})+(a-b\sqrt{c})+\gamma=-1$$

이 되어 $\gamma=-2a-1$이 된다.

이것은 무엇을 의미하는 것일까?

방정식의 해 γ는 해 $a+b\sqrt{c}$와 비교해 보면 제곱근을 사용하는 횟수가 적다. 결국 원래의 방정식이 제곱근 계산이 n회 나타나는 답을 가졌다면 그것보다 적은 횟수의 제곱근 계산만 사용하는 데에도 반드시 답이 있다는 말이다.

이 논의를 반복하면 결국, 원래의 방정식은 제곱근을 사용하지 않고 나타내는 답, 결국 유리수(분수)를 답으로 가지게 된다.

그렇지만 개념분수 $\dfrac{q}{p}$가 이 방정식의 답이 된다고 하고 대입해서 분모를 없애면

$$q^3+pq^2-2p^2q-p^3=0$$

이 된다. 따라서

$$q^3=p(p^2+2pq-q^2)$$

이 되어 p는 q의 약수여야 한다. 기약분수에서 분모 p가 분자 q의 약수가 되는 것은 $p=\pm 1$일 때밖에 없다. 따라서 원래의 방정식은 정수(整數)의 답을 가지게 된다.

그렇지만 함수 $f(t)=t^3+t^2-2t-1$은 그래프를 그려 보면 알 수 있듯이 정수의 답을 가지지 않는다. 따라서 모순이 생겼다. 증명의 맨 마

지막 부분은 $\sqrt{2}$가 분수가 아님을 증명했을 때와 마찬가지 논법이다. 그러나 지금이 좀 더 복잡하다.

함수 $f(t)=t^3+t^2-2t-1$의 그래프는 다음과 같다.

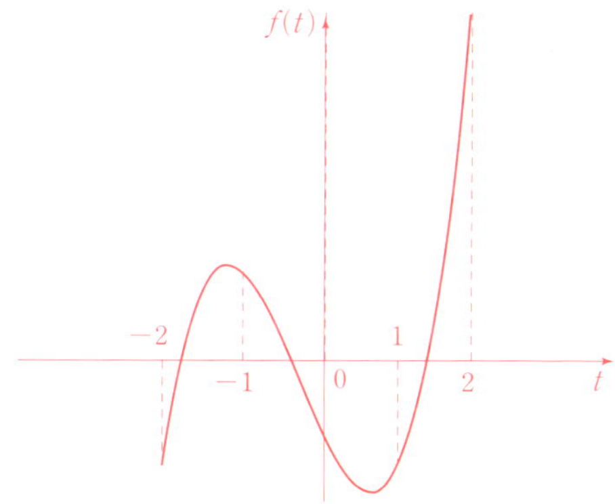

마찬가지 방법으로 각의 삼등분선을 컴퍼스와 자로 작도할 수 없다는 것도 증명할 수 있다. 이번 경우에도 컴퍼스와 자로 각의 삼등분 작도의 불가능성은 어떤 삼차방정식(각의 삼등분방정식이라고 한다)의 답이 작도할 수 없다는 증명에 귀착한다.

원주를 등분하는 방정식은 오래전부터 중요하게 연구되어 왔다. 이 방정식이 어떤 경우에 작도할 수 있는 답을 가지는지 현재는 정확하게 알 수 있다. 그것을 증명한 사람이 가우스이다.

가우스는 19세 때 정십칠각형을 컴퍼스와 자로 작도할 수 있다는 것을 증명하고 또 일반적으로 $n=2^{2m}+1$이 소수일 때 정n각형을 작도할 수 있다는 것을 알려 줬다.

이처럼 소수를 처음부터 나열하면 3, 5, 17, 257, 65537, ……이 된다. 그렇지만 정257각형을 그린다고 하더라도 이것은 거의 원과 비슷할 것이다. 거의라는 표현은 정말 조심스럽게 표현한 것이고 원이라고 잘라 말해도 좋을 정도이다. 하물며 정65537각형을 컴퍼스와 자로 작도할 수 있다고 해도 전혀 실감나지 않을 것이다. 그러나 수학은 이러한 '아무 도움도 되지 않는 것'으로 기초공사를 하여 건물 전체를 세운다. 현대 문명은 수학을 빼고서는 생각할 수 없다. 그러니 정말 신기한 것이다.

정다면체와 오일러의 공식

유클리드의 『원론』 마지막 부분에 다섯 개의 **정다면체**正多面體, regular polyhedron가 나온다고 이미 앞에서 소개했다. 정다각형은 무한하게 많이 있지만 그의 입체판인 정다면체는 전부해서 다섯 종류밖에 없다. 그것에 관련해서 오일러가 발견한 다면체에 관한 정리가 있는데 바로 오일러의 정리이다. 여기에서는 그것을 소개하겠다.

다섯 개의 정다면체란 앞에서 서술한 것처럼 정사면체, 정육면체, 정팔면체, 정십이면체, 정이십면체이다.

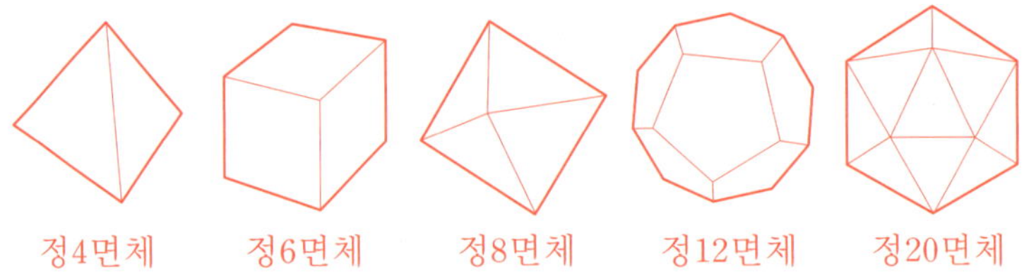

　정다면체란 모든 면이 합동인 정다각형으로 모든 꼭지점에 같은 개수의 면이 모여 있는 볼록다면체를 말한다. 각각 정삼각형, 정사각형, 정오각형의 면을 가지고 있다. 이들 입체의 꼭짓점, 모서리, 면의 수를 세어 보자.

정다면체	꼭짓점의 수	모서리의 수	면의 수
정사면체	4	6	4
정육면체	8	12	6
정팔면체	6	12	8
정십이면체	20	30	12
정이십면체	12	30	20

　이 표를 보고 있으면 여러 가지를 알 수 있다. 이와 같은 표에서 그동안 숨어 있는 관계를 통찰하는 것도 수학의 재미이다. 예를 들어 정육면체와 정팔면체는 꼭짓점과 면의 수가 서로 바뀌어 있다. 같은 현상을 정십이면체와 정이십면체에서도 살펴볼 수가 있다. 정사면체에서는 꼭짓점과 면의 수가 같다. 이것은 정다면체의 **쌍대성**雙對性, duality이라는 성질이 나타난 것이다. 정육면체 각 면의 중심에 점을 찍고 그것을 연결하면 정팔면체가 된다. 반대로 정팔면체 각 면의 중심에 점을 찍고 그것을 연결하면 정육면체가 된다. 다음 장의 그림에서 보이는 것이 쌍대성이다. 정십이면체와 정이십면체에서도 마찬가지 현상이 나타난다. 또 정사면체에서 같은 작업을 하면 정사면체 자신이 나온다. 이것을 정사면체의 **자기쌍대**라고 한다.

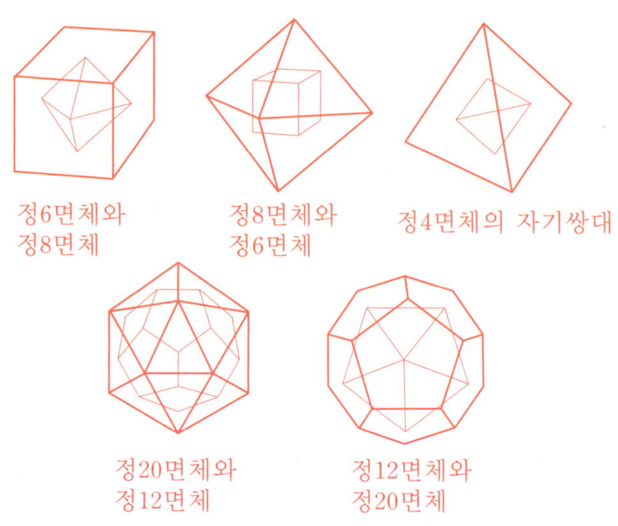

그런데 이 표에는 또 하나 아주 아름다운 성질이 숨어 있다.

정다면체의 오일러 공식

이 표에서 (꼭짓점의 수 − 모서리의 수 + 면의 수)를 계산하면 모든 정다면체에서 2가 나온다. 이것은 부풀리면 구면(球面)이 되는 정다면체 특유의 성질로 이 2라는 숫자를 그러한 다면체의 **오일러 표수** Euler characteristic라고 한다. 정다면체만이 아니고 부풀리면 구면이 되는 다면체를 대상으로 계산을 해 보아도 모두 2가 된다. 오각뿔의 경우 꼭짓점이 6개, 모서리가 10개, 면이 6면으로 확실히 (꼭지점의 수 − 변의 수 + 면의 수)는 2가 된다.

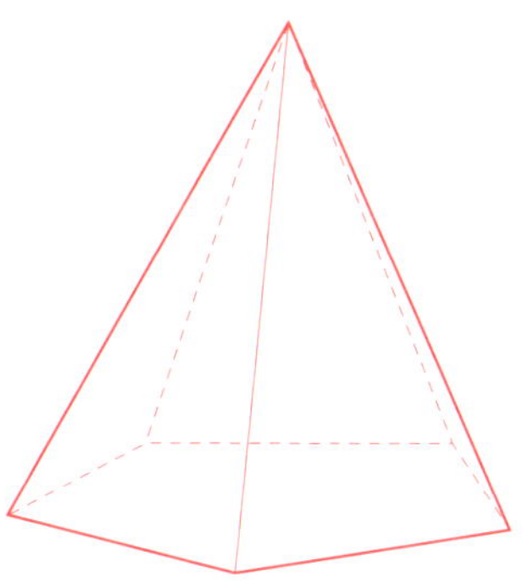

결국 다음의 정리가 성립이 된다.

다면체에 대한 오일러의 공식

부풀리면 구면이 되는 다면체에 대해서 그 꼭짓점의 수, 모서리의 수, 면의 수에는 다음과 같은 관계가 있다.

$$꼭짓점의 수 - 모서리의 수 - 면의 수 = 2$$

왜 이런 놀라운 사실이 성립되는 것일까? 이것은 이른바 **초 · 식목산** 超 · 植木算이라고 부를 수 있는 식이다. **식목산**의 기본을 설명하면 다음과 같다. 연못 주변을 빙 둘러서 나무를 심을 때 나무의 수와 (나무) 사이의 수가 같아지지만 직선 도로에 나무를 심으면 나무 수는 (도로의 양 끝에는 반드시 나무를 심는다) 사이의 수보다 1이 많아진다는 것이다. 이것을 다각형의 모서리와 꼭짓점의 수에 대해서 적용하면 어떤 다각형이라도 (꼭짓점의 수 - 모서리의 수 = 0)이라고 하는 식이 성립한

도형과 기하학

다. 당연하지만 다음과 같은 설명을 할 수 있다.

다각형의 모서리의 수를 n개라고 하자. 이때 모서리의 양 끝은 꼭짓점이기 때문에 꼭짓점은 $2n$개가 되지만 이렇게 되면 꼭짓점을 2회씩 중복해서 셀 수 있게 된다. 그러므로 꼭짓점의 수는 $\frac{2n}{2}=n$개가 되고 (꼭짓점의 수 − 변의 수)=0이 성립한다.

여기에서 중요한 것은 사물의 개수를 셀 때 중복해서 셀 경우에는 그것을 빼거나 나누어야 한다는 것이다. 좀 더 일반적으로 개수를 셀 때 더하거나 빼거나 보정을 해 가는 것을 **포함배제**包含排除**의 원리**라고 한다. 이 원리는 수 세기의 기본이다. 그리고 이러한 차수를 이용해서 요소를 더하거나 빼는 것을 **교대합**交代合을 구한다고 한다.

이 개념을 정다면체에 적용해 보자. 예를 들어 정십이면체의 경우 각각의 면은 정오각형이다. 각 꼭짓점에서 세 개의 면이 만나고 있다. 면의 수를 n이라고 하면 꼭짓점은 하나의 면에서 셀 경우 다섯 개이지만 꼭짓점에 세 개의 면이 섞여 있기 때문에 꼭짓점의 수는 삼중으로 셀 수 있고 따라서 꼭짓점의 수는 $\frac{5n}{3}$개다. 한편 하나의 모서리는 두 면의 공통 모서리이다. 따라서 각 면은 오각형이기 때문에 모서리의 수는 $\frac{5n}{2}$개가 된다.

그러므로 오일러의 공식은

$$\frac{5n}{3} - \frac{5n}{2} + n = \frac{n}{6}$$

이 되지만 정십이면체는 12개의 면을 가지고 있기 때문에 답은 2가 된다.

풀지 않고 읽는 수학

다른 정다면체에 대해서도 같은 개념으로 오일러의 공식을 설명할 수 있다. 그러나 면의 형태가 일정하지 않은 다른 다면체에 대해서는 같은 식으로 생각하는 것은 무리가 있다. 그렇지만 이 공식에는 **위상기하학**位相幾何學, topology이란 수학을 사용한 아주 재미있는 증명이 있다.

위상기하학은 형태의 연결 방식을 조사하는 수학으로 연속적으로 변형해도 변하지 않는 도형의 성질을 조사한다. 오일러의 공식이 다면체를 변형시켜도 변하지 않는다는 것에 주의하도록 하자. 이 증명을 소개한다.

증명 오일러의 공식 증명

부풀리면 구면이 되는 다면체를 p라고 하자. p 전체가 고무로 되어 있다고 생각하자. 지금 그 하나의 면을 잘라내고 (모서리는 남겨둔다) 그 구멍에서부터 다면체 전체를 평면 위로 펼친다.

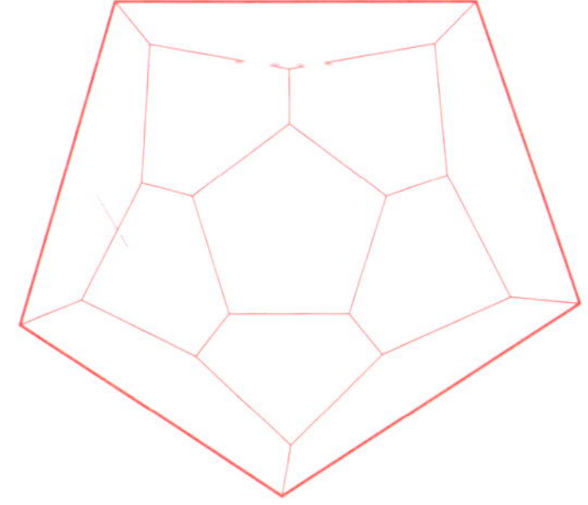

그러면 다면체는 평면 위의 그물망이 된다. 이 그물망은 잘라 낸 면과 같은 수의 모서리를 가진 다각형의 내부에 선이 들어간 것이다. 이때 원래의 다면체와 비교하면 면의 수가 하나 감소하고 꼭짓

점, 모서리의 수는 변하지 않는다는 점에 주의하자. 따라서 이 경우 오일러의 공식은

$$꼭짓점의 수 - 모서리의 수 + 면의 수 = 1$$

이 된다. 이 식을 나타내 보자.

평면으로 전개한 다각형의 바깥쪽 모서리를 잘라 낸다. 그러면 한 면이 줄어들게 되고 모서리도 하나가 줄어든다. 따라서 (꼭짓점의 수 - 모서리의 수 + 면의 수)는 전체적으로 변화가 없다. 이것을 반복해서 모든 면을 제거한다.

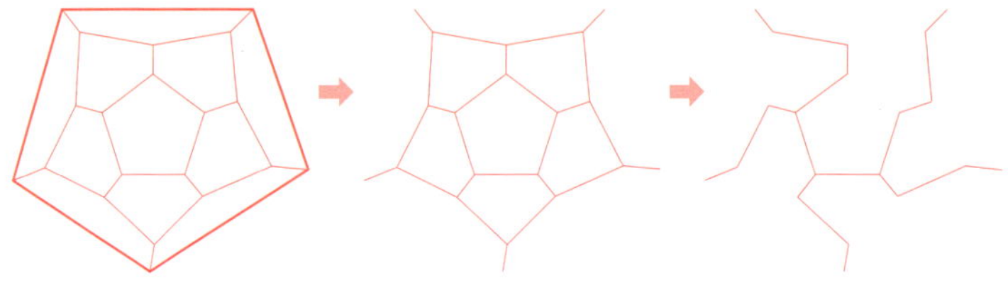

남겨진 형태는 몇 개의 꼭짓점을 잇는 모서리로 연결된 꺾은 선이다. 이것을 트리tree라고 한다.

그리고 트리에 대해서 그 끝의 점을 하나 제거하고 함께 모서리를 취한다. 그러면 꼭짓점이 하나 줄어들게 되고 모서리도 하나 줄게 된다. 따라서 (꼭짓점의 수 - 변의 수 - 면의 수)는 변화가 없다.

이것을 반복하면 최종적으로 단 하나의 점(꼭짓점)이 된다.

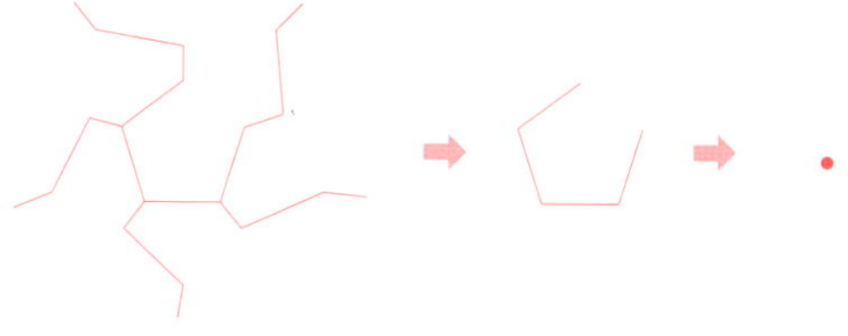

따라서 이 경우

꼭지점의 수 − 변의 수 + 면의 수 = 1 − 0 + 0 = 1

이 되어 증명이 된다.

여기에 나오는 2라는 숫자를 다면체에 관한 오일러 표수라고 하는 것은 앞에서 이미 말했다. 다면체의 오일러 표수는 그 후에 위상기하학에 커다란 영향을 준 중요한 지수(指數)가 되었다.

오일러의 공식은 여러 가지로 사용이 되는데 여기에서는 교대합을 사용한 또 하나의 재미있는 도형의 성질을 소개해 보자.

다각형 내각의 합과 외각의 합

초등학교에서 다각형에 대해서 배웠을 때 다각형 **외각**外角의 합은 아무리 큰 다각형이라도 일정하게 360°가 된다는 것을 배웠다. 그리고 삼각형 **내각**內角의 합이 180°가 된다는 것도 배웠다. 다각형 외각의 합은 실제로 다각형의 주위를 빙 둘러싸고 있고 주위가 모두 보이므로 확인이 된다. 그리고 삼각형 외각의 합은 삼각형의 각을 잘라서 나열하면 일직선이 된다는 것으로 확인했다. 여기에서 다각형의 외각이란 다음의 각을 이야기한다.

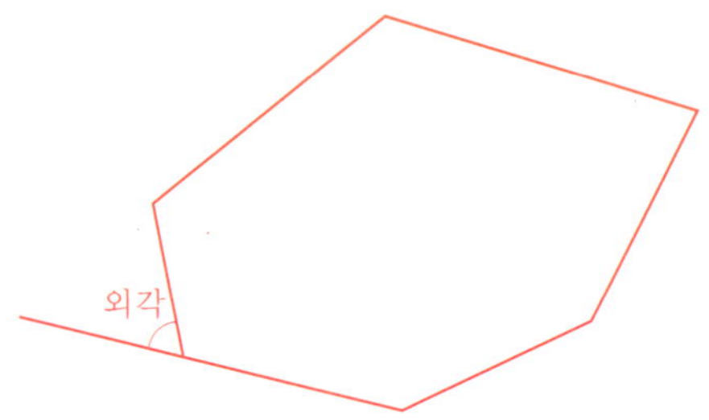

물론 내각이란 다각형의 안쪽에 있는 각이다. 여러분은 외각의 합은 어떤 다각형이라도 일정한데 내각의 합은 일정하지 않은 이유에 대해서 생각해 본 적이 있을 것이다. 그것은 사실이니까 어쩔 수 없다고 생각할 것이다. 그러나 어쩌면 좀 더 다른 견해가 있을지 모른다. 여기에 그 또 하나의 생각을 소개한다.

그러기 위해서 먼저 각이란 무엇인지 다시 한 번 되돌아보자.

각은 두 개의 관점으로 나눠 생각할 수 있다. 하나는 각이란 회전량을 나타내는 것이라는 개념으로 이른바 동적인 견해이다. 이 경우는 겹쳐져 있는 두 선분의 한쪽을, 예를 들면, 시계 반대 방향으로 돌렸을 때 그 벌어진 정도로서 각이 나온다. 또 하나는 도형의 뾰족한 정도, 즉 도형의 꼭짓점 근처에서의 형태를 나타내는 것이라는 개념으로, 정적인 견해이다. 이 두 견해는 모두 각각의 특징이 있기에 어느 쪽이 옳다고는 이야기할 수 없다. 예를 들어 다각형 외각의 합이 일정하다는 것은 회전이라는 개념으로 훌륭하게 설명이 된다.

가장 간단한 것은 다각형의 내부에 한 사람이 서고 다각형의 주위를 도는 사람을 바라보는 것이다. 다각형 주위를 걷는 사람은 꼭짓점에 올 때마다 외각의 크기만큼 걷는 방향을 바꾸지만 그 변화량은 모두 합해 봐야 내부에 있는 사람이 한 바퀴 도는 것과 같다. 또는 기계식 카메라의 셔터가 닫히는 모습을 생각하면 좋을 것이다.

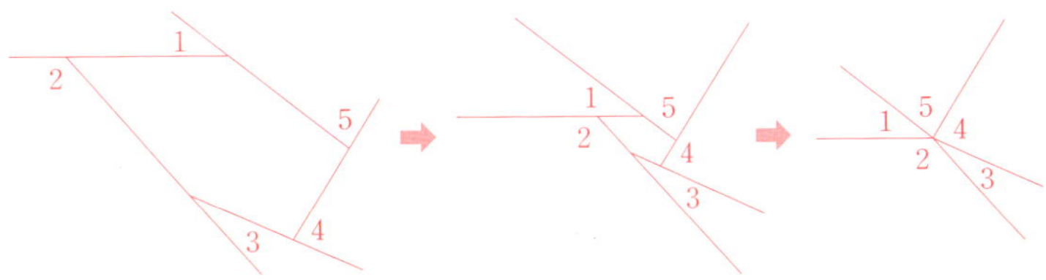

이처럼 외각의 합이 360°가 된다는 것은 다각형 내부의 한 점을 한 바퀴 돌고 있다는 말과 같다. 그렇다면 다각형 내각의 합은 어떨까? 삼각형 내각의 합이 180°가 되는 것은 앞에서도 기술했지만 초등학교에서 배운 것이다. 초등학교에서는 삼각형의 세 내각을 잘라서 나열하는 것으로 180°가 된다는 것을 확인한다.

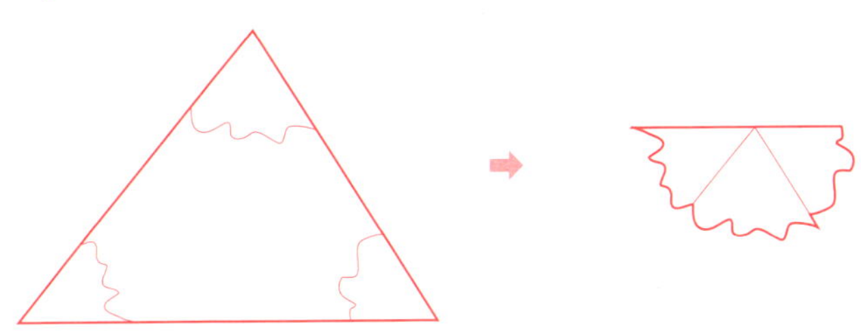

삼각형 내각의 합이 180°가 되는 것을 알면 사각형, 오각형의 내각의 합도 구할 수 있다. 각각 대각선으로 몇 개의 삼각형으로 나누어 보면 알 수 있다. 각 삼각형의 내각의 총합이 다각형 내각의 총합이 된다.

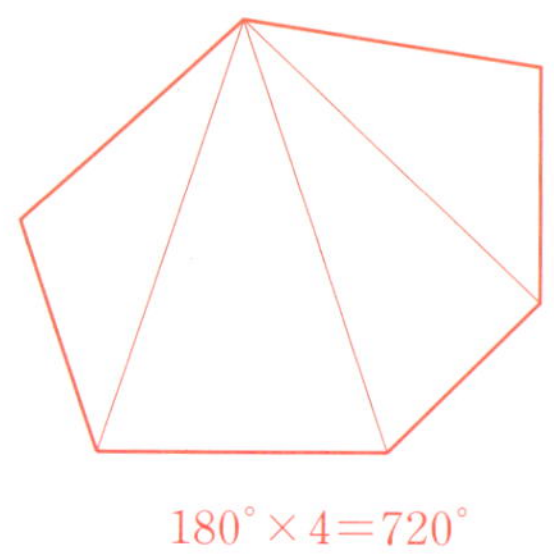

$$180° \times 4 = 720°$$

어째서 내각의 합은 일정하지 않은가 하는 것은 좀 다른 질문이다. 실제로 그런 성질이기 때문에 어쩔 수가 없다는 것이 하나의 답이지만 그런 답변보다 한발 앞선 설명을 할 수는 없는 걸까? 그래서 한 번 더 생각을 해 보았으면 좋겠다.

 **불변량**

도형의 성질을 생각할 때 도형 하나하나의 성질을 조사하는 것도 매우 중요하지만 그 이상으로 어떤 도형들에게 공통의 성질이 몇 개인가를 생각하는 것이야말로 수학에서 가장 중요한 일이다. 겉보기엔 달라도 도형들에게 공통적으로 나타나는 성질을 **도형의 불변량**不變量이라고 한다.

불변량은 도형에 국한되지 않고 수학의 많은 분야에 모습을 드러낸다. 예를 들어 대칭성이란 어떤 종류의 조작에 대해서 불변하는 성질을 말한다. 그러므로 제2장 '방정식'에서는 대칭성이라는 사실이 대단히 중요한 역할을 했다. 혹은 정비례하는 함수에서 설명했듯이 비례정수도 정비례라는 변화 가운데에서의 불변량이다.

이야기를 되돌리면 다각형 외각의 합은 360°라는 것은 다각형이라고 하는 도형의 불변량이다. 그것은 다각형의 주위를 한 번 돌린다는 것을 의미하는 성질의 표현이다. 일반적으로 곡선의 굽히는 방향을 **곡률曲率**이라고 한다. 이것은 다각형의 외곽을 곡선으로 확장했다고 생각할 수 있다. 한 번 도는 곡선을 아주 세밀한 내접다각형에 가까이 했을 때 내접다각형의 합은 항상 360°가 된다. 따라서 폐곡선의 곡률을 곡선 전체에서 더하면(곡률을 적분한다) 360°가 된다. 이처럼 불변량은 매우 중요한 역할을 한다.

그럼 이번에는 내각에 대해서 새롭게 생각을 해 보자.

다각형은 다음의 요소로 성립한다. 그것은 꼭짓점, 모서리, 면이다. 보통은 각이라고 하면 꼭짓점만을 생각한다. 그러나 다각형을 꼭짓점, 변, 면으로 된 도형으로 생각할 때에는 각각의 요소에 대해서 '각'을 생각해도 된다. 그러기 위해서는 각을 회전량이 아니라 도형 고유의 뾰족한 상태를 나타내는 양이라고 생각할 수 있다.

다각형의 꼭짓점에서 작은 원을 생각할 수 있다. 다각형의 내부가 그 원에서 차지하는 비율을 각(角)이라고 부른다.

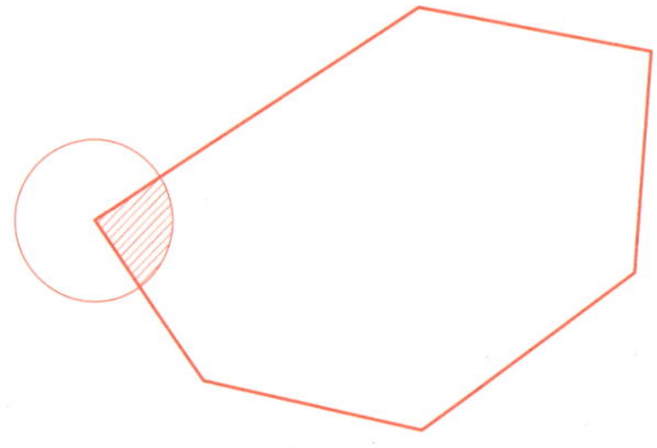

예를 들어 90°는 $\frac{1}{4}$, 60°는 $\frac{1}{6}$로 생각할 수 있다. 이처럼 각이란 그 도형이 그 요소 위에 꼭짓점을 가지는 작은 원에서 잘라 낸 부분의 비율이라고 생각할 수 있다. 그러면 도형의 다른 요소에 대해서도 각을 생각할 수 있다. 예를 들어 다각형의 모서리는, 그 모서리 위에 중심을 가진 작은 원의 절반 정도를 잘라 내기 때문에 '모서리의 각'은 $\frac{1}{2}$, 결국 180°가 된다. 또 다각형의 면 (다각형의 내부)에서는 내부의 중심을 가진 원은 그 모든 것이 도형의 중심에 있으므로 '면의 각'은 1, 즉 360°가 된다.

이렇게 되면 평면도형의 모든 요소에 '각'을 대응시키는 것이 가능하다. 이것은 회전량으로 생각했을 때의 각과는 조금(혹은 대부분)은 다르지만 이것도 각이라는 것에는 변함이 없다.

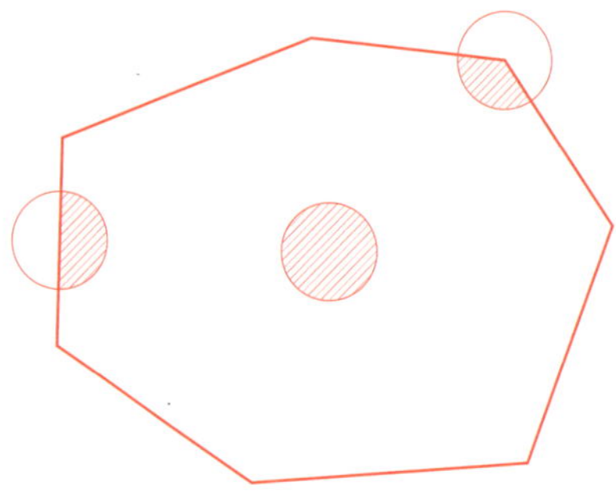

꼭지점, 모서리, 면의 각

이렇게 도형의 모든 요소인 꼭짓점, 모서리, 면에 각을 대응시켰을 때 이들 총합은 어떻게 될까? 삼각형에 대해서 생각해 보자.

꼭짓점의 각의 합은 $180°$이기 때문에 $\frac{1}{2}$이다. 변은 세 개이고 각각의 각이 $\frac{1}{2}$이기 때문에 합은 $\frac{3}{2}$이다. 면은 $360°$이므로 결국 1이 된다. 이것들을 전부 더하면 3, 즉 $720°$가 된다. 그렇지만 이것을 오일러의 공식에서 사용한 교대합이라는 개념으로 더해 보면 어떻게 될까? 결국

$$\text{꼭짓점의 각의 합} - \text{모서리의 각의 합} - \text{면의 각의 합}$$

을 계산하는 것이다. 이것을 **다각형의 내각교대합**이라고 한다. 그러면

$$\text{꼭짓점의 각의 합} - \text{변의 각의 합} + \text{면의 각의 합}$$

을 계산한다. 이것을 다각형의 내각의 합이라고 한다. 그러면

$$\text{꼭짓점의 각의 합} - \text{모서리의 각의 합} + \text{면의 각의 합}$$
$$= \frac{1}{2} - \frac{3}{2} + 1 = 0$$

이기 때문에 삼각형 내각의 교대합은 0이 된다. 그렇다면 일반 다각형에서 내각의 교대합은 어떻게 될까?

도형과 기하학

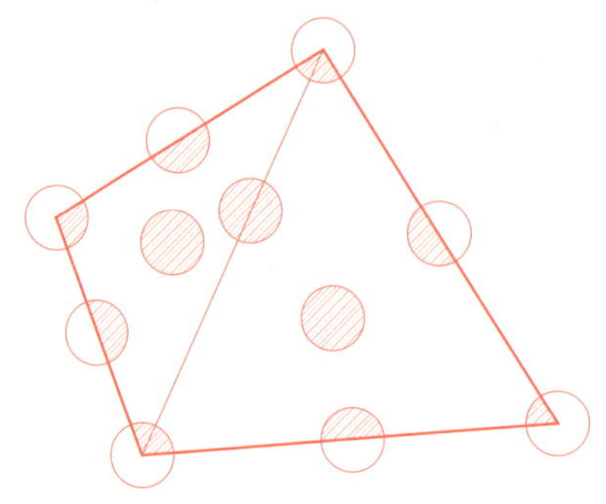

n각형을 대각선으로 $n-3$개의 삼각형으로 분할한다. 그런데 위의 그림에서 알 수 있듯이 이 다각형의 내부에 포함되어 있는 변과 분할된 삼각형의 '면의 내각'의 개수는 면의 내각이 하나 더 많기 때문에 (이것도 일종의 식목산이다!) 교대합이 되는 면의 내각이 하나만큼 남게 되고 결국은 다각형의 내각의 교대합은 분할했던 각각의 삼각형의 내각 교대합의 합이 된다. 여기에서 분할된 하나의 삼각형에 대해서는 위에서 서술한 대로 그 내각 교대합은 0이 되기 때문에

$$\text{다각형의 내각 교대합} = \sum (\text{삼각형의 내각 교대합}) = 0$$

이 된다는 것을 알 수 있다.

이 새로운 각의 정의에 대해서 정리를 하면

정리 **다각형의 내각 교대합은 0이다.**

를 얻을 수 있다. 이처럼 각을 더하거나 빼면 다각형의 '내각합'이 다

각형의 형태에 상관없이 일정하다는 것을 알 수 있다.

　그렇지만 앞에서 설명했듯이 일반적으로 다각형의 외각은 모서리의 회전량을 의미한다. 그러나 내각을 도형 고유의 뾰족한 형태(각진 상태), 즉 도형의 요소(꼭짓점, 모서리, 면)를 원에서 떼어 내는 비율이라고 생각한다면 외각은 그 반대로 도형의 외부에 있는 원의 비율이라고 생각할 수 있다.

　외각을 이처럼 생각하면 다각형의 각 요소에 대해서

$$외각 = 1 - 내각$$

이 된다. 따라서

$$n각형의\ 외각교대합 = (n - 꼭지점의\ 내각합) - (n - 모서리의\ 내각합)$$
$$+ (1 - 면의\ 내각합)$$
$$= 1 - (내각\ 교대합)$$
$$= 1 - 0$$
$$= 1$$

이 되고 1이란 360°를 나타내므로 보통의 외각과 마찬가지로 외각의 교대합이 360°라는 것을 알 수 있다.

 다각형의 외각 교대합은 1이다.

이들 결과는 우리들이 보통 생각하는 각과는 조금 다르지만 이처럼 교대합이라는 개념을 도입하면 다각형 내각의 합, 외각의 합에 대해서 새로운 견해를 도입하는 것이 가능해진다. 그리고 그 시점에서는 외각 합만이 아니라 외각형의 내각합도 일정하게 된다.

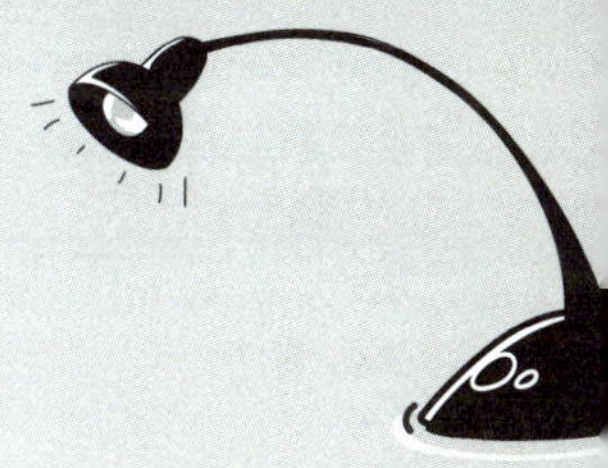

책을 끝내며

　지금까지 다섯 개의 장을 통해서 초등학교부터 배워 온 수학을 되돌아볼 수 있는 몇 개의 용어에 대해서 설명하면서 수학이 무엇을 어떤 수단으로 연구하는 학문인지를 조금씩 생각해 보았다.

　수학이 '수'라는 개념을 다루는 학문이라는 것은 틀림없는 사실이다. 그 수는 처음에는 '사물의 개수'를 나타내는 것이었지만 점차 추상화되어 사물의 상태나 운동을 음수나 복소수로 표현하게 되었다. 결국 '수'란 인간이 무엇을 생각할 때 일반적으로 다루기 위해서 생각해 낸 중요한 개념이자 도구이다. 이렇게 생각하면 모든 수는 확실히 실재한다. 그러나 다른 관점에서는 모든 수는 실재하지는 않지만 실제의 양과 사람이 생각해 낸 개념을 다루기 위해서 필요불가결한 것이라고 볼 수도 있다.

　그러한 수학이 비약적으로 발전하게 된 계기는 문자의 사용이다. 수학은 왜 문자를 사용할까? 수학은 구체적인 예만이 아니라 개념 일반을 다루기 때문이다. 수 일반을 나타내기 위해서 아무래도 '수라는 개념'을 나타내는 기호가 필요했다. 이렇게 해서 문자를 사용하게 된 수학은 '사물'만이 아니라 '행위(상태)'를 다루는 데 성공했고 그것은 동시에 문자 그 자체를 다루는 대수학이라는 수학을 만들어 냈다. 대수학의 역사에서 가장 큰 주제는 '방정식을 푸는 것'이었다. 개개의 구체적인 방정식을 푸는 것으로 발전해서 "방정식을 푸는 것은 어떤 것인가?"를 다루는 데까지 성공한 대수학은 현대 수학의 큰 기둥이 되었다.

한편, 수학은 문자를 사용함으로써 '법칙 일반'을 다루게 되었다. 법칙 중에 특히 실생활에도 관계가 깊은 것이 '변화의 법칙'이다. 이 세계에는 다양한 변화의 법칙이 있다. 그중에서 가장 간단한 것이 '정비례'이다. 여기에서 출발해서 수학은 다항식에서 표현되는 변화, 혹은 주기적인 변화와 증대해 가는 변화 등을 다루게 되었다. 이렇게 해서 '함수'의 개념이 확립되었다. 그러나 여기에는 하나의 커다란 문제가 있었다. 우리들이 함수를 다룰 때에는 그 값이 구체적으로 계산할 수 있는지가 중요했다. 그러나 구체적으로 이름이 붙어 있는 함수, 예를 들어 삼각함수와 로그 함수 등에 대해서 그 값을 구체적으로 계산하는 것은 어렵다.

이것이 함수를 블랙박스라고 말하는 이유이다. 우리들이 구체적으로 계산할 수 있는 함수란 다항함수밖에 없다.

그렇다면 이와 같은 함수의 값을 구하려면 어떻게 해야 할까? 그것은 미분이 중요한 역할을 한다. 미분을 사용하면서 몇 개의 중요한 함수를 (무한차원) 다항식으로 표현할 수 있게 되었다. 테일러 급수는 미분을 이용한 함수 해석에서 가장 중요한 성과 중의 하나이다.

수학이 다른 자연과학과 다른 가장 중요한 차이점은 실증이 아니라

논증적인 증명이라는 설명 방법을 채택한다는 점이다. 유클리드의 시대에는 증명이란 ‘명백한 사실’에서 순차적으로 알고 있는 사실을 열거해 나가는 것이었다. 그러나 평행선의 공리를 둘러싼 수학의 역사는 실증이라는 개념을 변화시켜 왔다. 현대 수학에서는 증명이란 ‘어떤 가정된 사실로부터 다른 사항을 이끌어가는 것’이라고 한다. 가정한 사실이 옳은지 아닌지는 수학의 수비 범위가 아니라는 것이 현대 수학의 기본 입장이다.

즉, 평행선의 공리는 유클리드 공리 외에도 몇 개가 더 있다. 그 어느 것을 가정해도 모순이 없는 기하학을 구성할 수 있다.

이 책에서는 위와 같은 수학의 구체적인 몇 개의 분야에 대해서 이야기를 했다. 이 책이 독자들에게 미분이라고 하는 기묘하고 매력적인 학문을 다시 보게 되는 계기가 되었으면 좋겠다.

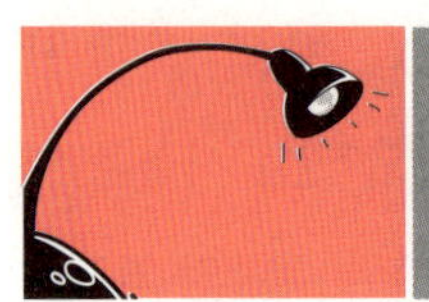

수학용어 색인

ㄱ

가우스 평면 → 복소수 평면

가해성 106

간접비교 14

갈루아 정리 105

곡률 247

골드바흐의 추측 41

곱셈 51

공리 207

교대식 80

교대합 240

  내각 교대합 250

  외각 교대합 251

『구장산술』 72

군 106

귀납법 공리 60

귀류법 216

그리스의 3대 작도문제 222

극한 155

극한값 160

극형식표시 36

근의 공식 78

기본작도 224

기수 15

『기하학원론』, 『원론』 205

ㄴ

내각 243

내대각 218

누가 52

ㄷ

다각형의 내각 교대합 249

다항함수 131

단위원 140

대수방정식 104

대수적 무리수 44

대수적 수 44

대수적으로 닫혀있다, 대수적 폐체 100

대수학의 기본정리 98

대수함수 151

대응표 117

대칭 106

  선대칭 106

  점대칭 106

대칭식 80

  기본대칭식 81

덧셈 46

도함수 162

도형의 불변량 246

드 므와브르의 정리 227

등식 71

ㄹ

라디안 141

로그 함수 137

롤의 정리 180

ㅁ

매클로린의 급수, 매클로린의 정

리 184

메르센 소수 43

무리량 27

무리수 27

미분 155

미분가능 162

미적분의 기본 정리 194, 198

미지수 72

밑 134

ㅂ

방정식 72

방정식의 일반형(표준형) 73, 75

배타공리 61

변화량 124

복소수 32

복소수평면 36

부동점정리 97

부분적분의 공식 200

부정적분 198

분수 20

불변량 118

비례상수 119

비유클리드기하학 218

ㅅ

사인 143

사차방정식의 페라리 해법 93

사칙연산 30

삼각함수 140

삼각함수의 덧셈정리 191

삼차방정식 84

쌍대성 237

  자기쌍대 237

쌍둥이소수 41

상반방정식 230

서수 15

선형사상 120

선형성 120

수 11, 59

수렴 159

수직선 30

소수(少數) 20

  순환소수 23

  유한소수 23

소수(素數) 39

소인수분해 39

실수 30

실수의 연속성 31

ㅇ

아르키메데스의 원리 16, 24

아크사인 149

아크코사인 149

아크탄젠트 149

약분 47

엡실론 – 델타 논법 25, 159

역삼각함수 148

역원

  곱셈의 역원 52

  덧셈의 역원 48

역함수 136

연속량 19

연역 207

영인자 79

오일러의 공식 192

오일러의 정리 189

오일러 표수 238

완전수 42

완전제곱 76

외각 218

원시함수 198

원시함수의 존재정리 97

위상기하학 241

위치기수법 17

유리수 28

유클리드기하학 210

음수 29

이산량 19

이차방정식 75

이차방정식의 근의 공식 78

이차함수 126

일대일대응의 원리 13

일차방정식 73

일차함수 121

잉여항 183

ㅈ

자연 로그 172

자연수 15

작도 222

적분 198

절댓값 36

정다각형 220

정다면체 220, 236

주기함수 143

중간값의 정리 97

중첩의 원리 120

증명 206

지수 132

지수함수 134

지수법칙 132

직각 211

직교표시 36

직접비교 13

집합론 98

ㅊ

체 30

복소수체 55

실수체 30

유리수체 30

초깃값 122

초등함수 151

초·식목산 239

초월수 44

최댓값최솟값정리 97

치환 105

ㅋ

카르다노-타르타글리아 공식 83

코사인 143

ㅌ

타원적분 201

탄젠트 143

테일러 급수, 테일러 전개 178

통분 47

통약불능 26

트리(tree) 242

ㅍ

판별식 78

페아노 공리계 60

편각 36

평행선의 공리 212

포물선 126

포함배제의 원리 240

ㅎ

함수 114

합성함수 168

항등식 72

항등원 48

허수 32

황금비 226

기타

0 17

2진법 17

10진법 17

n차 방정식 106

n차 치환군, n차 대칭군 106

y절편 126

개념이 술술 이해되는
풀지 않고 읽는 수학

펴낸날	초판 1쇄 2009년 2월 23일
	초판 10쇄 2017년 9월 14일

지은이	세야마 시로
옮긴이	신은주
펴낸이	심만수
펴낸곳	(주)살림출판사
출판등록	1989년 11월 1일 제9-210호

주소	경기도 파주시 광인사길 30
전화	031-955-1350 팩스 031-624-1356
홈페이지	http://www.sallimbooks.com
이메일	book@sallimbooks.com

ISBN   978-89-522-1090-6   44410

살림Friends는 (주)살림출판사의 청소년 브랜드입니다.

※ 값은 뒤표지에 있습니다.
※ 잘못 만들어진 책은 구입하신 서점에서 바꾸어 드립니다.